DIANQI CAOZUOPIAO YU GONGZUOPIAO JIANMING SHOUCE

电气操作票与工作票简明手册

赵水业 主编

中国电力出版社
CHINA ELECTRIC POWER PRESS

内 容 提 要

本书以《电力安全工作规程》为依据，以"两票"规范填写和程序化执行为主线，本着实践应用的原则，采用图表结合的形式，分章节系统性地阐述了倒闸操作票操作任务、操作项目及应用术语，电气工作票的工作组织单位、参加人员、工作任务、安全技术措施等项目的填写方式，绘制了倒闸操作和工作许可、工作监护、工作间断、工作终结等手续的图示流程，对实践应用中存在的疑难问题等，给出了规范性的解决方案。

全书共五章，具体内容包括两票管理的概念及应用、倒闸操作票、工作票、作业票及应用实例，并以附录形式列出倒闸操作术语、安全设施应用规范、工程安全施工作业票作业项目参照目录及常规监督检查要点。

本书可供电力生产工作票签发人、工作许可人、工作负责人，电力安全管理人员和一线生产作业人员学习使用及参考。

图书在版编目（CIP）数据

电气操作票与工作票简明手册/赵水业主编. —北京：中国电力出版社，2018.11
（2022.6重印）
ISBN 978-7-5198-2583-6

Ⅰ．①电… Ⅱ．①赵… Ⅲ．①电力系统–安全操作规程–手册 Ⅳ．①TM08-62

中国版本图书馆 CIP 数据核字（2018）第 250244 号

出版发行：中国电力出版社
地　　址：北京市东城区北京站西街 19 号（邮政编码 100005）
网　　址：http://www.cepp.sgcc.com.cn
责任编辑：薛　红（010–63412346）
责任校对：朱丽芳
装帧设计：赵姗姗
责任印制：石　雷

印　　刷：三河市百盛印装有限公司
版　　次：2018 年 11 月第一版
印　　次：2022 年 6 月北京第二次印刷
开　　本：880 毫米×1230 毫米　32 开本
印　　张：6
字　　数：156 千字
印　　数：2001—3000 册
定　　价：36.00 元

版 权 专 有　侵 权 必 究

本书如有印装质量问题，我社营销中心负责退换电力系统是由发电、输电、变电、配电和用户组成的整体，实施目标设备系统的隔离和维护检修，涉及电网停电计划安排、继电保护校核、运行方式调整以及现场检修工作的策划组织和管控，是一项集规章制度和电力安全技术应用于一体的系统性工作。尤其在当前高电压、大功率输送电网格局的新形势下，电网结构的复杂性、电气设备种类的多样性、作业环境的影响以及满足于电网可靠性等运行指标，对实施电网设备的隔离及检修工作，提出了更高的安全技术要求。

电气操作票、工作票（简称"两票"）作为保证安全工作的主要组织措施和技术措施的表现形式，在电力安全生产上发挥着重要管控作用，成为了电力生产人员开展电气作业的最基本措施和手段。由于对"两票"在理解上、执行上存在的不足或偏差，造成了现场组织措施落实不到位、安全技术措施不健全等诸多问题，由此酿成的人身、电网及设备事故也时有发生，给电力企业、社会和家庭造成了不可挽回的损失。因而，增强"两票"的应用能力，使其发挥现场安全工作的管控作用，也成为电力企业安全生产管理探讨研究的重要课题。本书编者围绕电气设备的隔离操作和维护检修，突出《电力安全工作规程》（简称《安规》）实践应用，结合安全生产管理理论与原则，以倒闸操作票、电气工作票为主线，编写了本书。本书共分概述、倒闸操作及操作票、工作票、作业票、应用实例五章内容和附录 A～附录 E。全书系统性地阐述了倒闸操作票和工作票的发展历程和重要作用，采用图表结合并用的方式，明确了倒闸操作票、工作票内容项目的应用方式和执行流程，内容翔实、重点突出，路线清晰、系统性强，为电力生产人员规范应用倒闸操作票、工作票，组织开展电气设备操作和检修工作提供参考和依据，同时也可适用于对电力生产人员的培训学习。书中所述内容如有与《安规》不同之处，以《安规》为准。

本书由赵水业主编，王培军、邹立升、杨枫、赵雪参编。本书在编写过程中，主要参考了《安规》国家标准、企业标准，DL/T 969—2005《变电站运行导则》以及主要电气设备运行规程、检修导则等有关行业标准，结合了编者多年的电力生产管理经验，提出了电气操作票、工作票的应用方法，具有较强的应用指导性，希望本书对读者能有所帮助。

由于时间所限，书中不足或遗漏之处在所难免，敬请读者指正。

编 者

2018 年 10 月

目 录

前言

第一章

概　　述

　　电气操作票、工作票（简称"两票"）分别是保证电力安全工作的主要组织措施和技术措施的表现形式和载体，是电力安全生产工作的重要内容，是保障电力生产人身、电网、设备安全的重要措施保障，在电力发展史上发挥了重要的安全管控作用。电力企业历来高度重视《电力安全工作规程》（简称《安规》）及其电气操作票、工作票的学习和应用，相关内容的培训和监督检查一直贯穿于电力生产活动的全过程。电力生产实践证明，没有"两票"的正确使用，就没有当前优质可靠的电力供应，就没有电力行业良好的安全生产局面。

第一节　"两票"的发展历程

　　人的不安全行为、物的不安全状态，被称为影响安全生产的两大因素，人、机、料、法、环为生产活动的质量管控要素，也是作用于物的状态、人的行为的最直接途径。电网运行是一个集电网调度、设备运行维护与管理的复杂过程，电力生产安全是电能、电气设备和电力生产人员共同作用的结果。变压器、断路器（开关）、隔离开关（刀闸）、互感器、导线、杆塔等电力设备和继电保护、安全自动装置等二次设备，作为电网中的主要电气设备，其运维检修等工作一般采取停电、不停电和带电作业的方式进行，且需对相关设备进行必要的操作完成某种状态的转换。其中，物的不安全状态、人的不安全行为或是能量的失控，将可能导致触电、坠落、机械伤害以及电气误操作等不安全状态的发生，均将危及人身、电网、设备的安全。

《安规》围绕物的状态、人的行为，以保证人身、电网、设备安全为主线，充分体现高压电气设备的基本属性及客观要求，科学地提出了保证安全的组织措施和技术措施，作为电力生产人员必须遵守的基本准则。"两票"以科学、严谨的结构形式，实现了倒闸操作项目的程序化，保证工作安全组织措施的流程化，保证工作安全技术措施的实用化；做到了任务、责任明确，措施清晰、完善，工作流程衔接有序，管控措施有效、可靠；并将保证工作安全的组织措施和技术措施在形式上、内容上形成了有机的整体，成为了一线生产人员开展设备操作、运维检修工作的最基本措施和手段。

国家电力工业部时期，就相继颁布实施了《电业安全工作规程》，对加强电力生产现场管理、规范各类工作人员行为等管控要素进行了明确，作为开展电力安全生产工作的行业标准。在历经国家燃料工业部及中国电业工会全国委员会、国家电力工业部、国家能源部、国家电力公司的体制改革过程中，《电业安全工作规程》及其"两票"等重要内容虽几经修订，但其安全管理理论与原则的应用思路没有发生变化，而是随着电力技术的进步与发展，其主要内容更加简练、更具系统性（修订变化历程见表1-1）。

表1-1　　　　《安规》及其"两票"版本修订历程表

序号	《安规》版本	包含工作票	工作票内容介绍
1	1952年7月、1955年3月国家燃料工业部及中国电业工会全国委员会发布第1版、修订版《电业安全工作规程》（行业标准）	变电站（发电厂）第一种工作票 变电站（发电厂）第二种工作票 口头命令或电话命令	1）规定停电工作使用第一种工作票，不停电工作使用第二种工作票 2）规定填用第二种工作票和按照口头命令或电话命令进行的工作
2	1991年国家能源部发布变电、线路《电力安全工作规程》（行业标准）	变电站（发电厂）第一种工作票 变电站（发电厂）第二种工作票 电力线路第一种工作票 电力线路第二种工作票	1）规定停电工作使用第一种工作票，不停电工作使用第二种工作票 2）带电作业使用第二种工作票 3）事故抢修可不使用工作票

序号	《安规》版本	包含工作票	工作票内容介绍
3	2005 年国家电网公司发布变电、线路《电力安全工作规程》（企业文件）	变电站（发电厂）第一种工作票 变电站（发电厂）第二种工作票 电力电缆第一种工作票 电力电缆第二种工作票 电力线路第一种工作票 电力线路第二种工作票 变电站（发电厂）带电作业工作票 变电站（发电厂）事故应急抢修单 线路带电作业工作票 电力线路事故应急抢修单	1）增加电缆工作票，设定电力线路、变电站（发电厂）"双许可"方式。 2）增加带电作业工作票，用于变电站（发电厂）和线路带电作业。 3）增加事故应急抢修单，用于变电站（发电厂）和线路事故抢修。 4）对变电站（发电厂）第一种工作票提出了总、分工作票的概念
4	2009 年国家电网公司发布变电、线路《电力安全工作规程》（企业文件）	变电站（发电厂）第一种工作票 变电站（发电厂）第二种工作票 电力电缆第一种工作票 电力电缆第二种工作票 电力线路第一种工作票 电力线路第二种工作票 变电站（发电厂）带电作业工作票 变电站（发电厂）事故应急抢修单 电力线路带电作业工作票 电力线路事故应急抢修单 电力线路工作任务单	1）电力线路第一种工作票增加工作任务单，作为第一种工作票的子票，明确了工作任务单的填写、签发、许可和终结方式。 2）对变电站（发电厂）第一种工作票总、分工作票的填写、许可和终结方式。 3）提出承发包工程的工作票可实行"双签发"方式
5	2011 年国家质检总局和标准化委员会发布变电、线路《电力安全工作规程》（国家标准）	电力线路第一种工作票 电力线路第二种工作票 电力线路带电作业工作票 紧急抢修单 电气第一种工作票 电气第二种工作票 电气带电作业工作票	电力线路第一种工作票允许多次许可
6	2013 年国家电网公司发布变电、线路《电力安全工作规程》（企业标准）	变电站（发电厂）第一种工作票 变电站（发电厂）第二种工作票 电力电缆第一种工作票 电力电缆第二种工作票 电力线路第一种工作票 电力线路第二种工作票 变电站（发电厂）带电作业工作票 变电站（发电厂）事故紧急抢修单 电力线路带电作业工作票 电力线路事故紧急抢修单 电力线路工作任务单	1）"事故应急抢修单"改为"事故紧急抢修单"。 2）电力线路第一种工作票增加多行许可栏，即允许多次许可

序号	《安规》版本	包含工作票	工作票内容介绍
7	2014 年国家电网公司发布配电《电力安全工作规程》（企业文件）	配电第一种工作票 配电第二种工作票 配电带电作业工作票 低压工作票 配电故障紧急抢修单 配电工作任务单	1）将配电工作从线路工作中分离出来，重新确定配电工作票的格式。 2）配电第一、二种工作票和带电作业工作票都有多行许可方式，即允许多次许可。 3）规定一张工作票设多个小组工作时，使用工作任务单，明确了工作任务单的填写、签发、许可和终结方式

确保《安规》及其"两票"的正确执行，重在抓好"以人为本、风险管控、责任归属、协同配合"的工作落实：

（1）三个方面的以人为本。

1）要保障人身安全，工作前的现场勘察以及工作票、操作票等各项措施，均将保障人身安全作为第一要务。

2）工作人员的素质尤为重要，再周密的工作计划，再完善的管理措施，如果受限于人员作业能力或是违章作业，均将无法安全顺利地完成。

3）所有工作人员齐心协力，相互提醒，将为工作组织实施奠定坚实基础。

（2）三个阶段的风险管控。

1）施工作业前的方案确定阶段，现场勘察以及施工方案、作业指导书、风险分析卡、工作票、操作票等的编制、审核、批准，都是风险管控的前期流程，是超前风险管控的重要工作。

2）停电检修计划的安排阶段，计划的提报、平衡确定、批复、下达各环节，关系到倒闸操作、检修工作的准备，若缺乏计划的刚性管理支持，将为现场工作留下重大风险。

3）现场施工过程控制阶段，工作票控制工作的起始、终结，更需要工作负责人积极发挥现场组织的主导作用，才能实现过程管控的效果。

（3）三个层面的责任归属。

1）单位管理层重视作业风险，承担检修计划和电网运行方式管控责任，协调专业配合，做好电网运行方式调整、物料调配等准备工作。

2）车间执行层负责组织人员、装备、物料等准备工作，统筹安排风险管控措施，畅通班组工作流程。

3）班组作业层负责现场工作的风险管控，班组长、工作票签发人、工作负责人、工作许可人等各负其责，确保现场勘察、开工、竣工验收等各项工作质量。

（4）三个层级的协同配合。

1）管理体系的协同，管理部门、生产车间作为管理指令的发起者和信息的收集者，需要建立上下协同、沟通有效的合作关系，服务于一线生产活动。

2）班组间的配合，在多专业、多班组协同开展的设备检修等工作，需要创建班组、专业协调配合的工作环境，防控安全风险。

3）人员间的协作，职能部门专业技术人员及班组长、工作票签发人、工作负责人、工作许可人、工作班成员，作为工作的组织和实施者，负有相互配合和信息传递的责任，有效的协调配合，将为生产任务顺利进行奠定基础。

第二节　"两票"的种类、对应关系及作用

现行《安规》章节内容，总则和保证工作安全的组织措施和技术措施是通用规则，后期章节内容虽以作业类别来划分，但其通用规则也体现其中，方便专业人员的学习和实践应用。同时，专业人员在学习《安规》时，应能适当"拓展"业务面，在学习、掌握本专业《安规》内容时，熟悉相关专业的有关管理规定和技

术规程，达到拓展知识面、提高专业能力的目的，为"两票"的正确执行提供前提条件，最终实现工作全过程安全管控。

一、工作票的种类及内容

（一）工作票种类

依据国家标准《安规》的变电部分和电力线路部分的规定，电气设备上的工作主要有发电厂及变电站的电气设备上、电力线路上的工作。因此，工作票的种类主要有变电工作票和线路工作票两大类。按照工作对象、工作条件、安全措施的要求及区别，将工作票分为了第一种工作票、第二种工作票、带电作业工作票。国家电网公司企业标准较之国家标准有所细化（详见表1-2）。

表1-2　　国家标准及国家电网公司企业标准《安规》各类工作票对比表

类别	国家标准	国家电网公司企业标准
变电部分	● 电气第一种工作票 ● 电气第二种工作票 ● 电气带电作业工作票	● 变电站第一种工作票 ● 电力电缆第一种工作票 ● 变电站第二种工作票 ● 电力电缆第二种工作票 ● 变电站带电作业工作票
线路部分	● 电力线路第一种工作票 ● 电力线路第二种工作票 ● 电力线路带电作业工作票	● 电力线路第一种工作票 ● 电力电缆第一种工作票 ● 电力线路第二种工作票 ● 电力电缆第二种工作票 ● 电力电路带电作业工作票
配电部分	执行国家标准线路部分	● 配电第一种工作票 ● 配电第二种工作票 ● 配电带电作业工作票 ● 低压工作票
电网建设部分	/	● 输变电工程安全施工作业票A ● 输变电工程安全施工作业票B

（二）工作票固定填写内容

各类工作票固定格式内容主要有：单位、编号、工作负责人、工作班成员、工作地点、工作任务、计划工作时间、安全措施、工作票签发人签名、收到时间、开工手续、履行确认签字手续、人员变动记录、工作票延期、工作间断记录、工作终结、工作票终结、备注等内容，但在每一种类工作票中的具体内容分布也有所区别。

安全措施、注意事项（或工作条件）等，是指设备检修工作（工作对象）需要采取的具体措施，是《安规》保证工作安全技术措施的内容；而工作票上的人员签名、开工手续、工作票延期、工作终结等项目，则是组织现场工作的流程要求，是《安规》保证工作组织措施的内容。

（三）工作票选用区别

依据《安规》规定，在电气设备上的工作应填用工作票，视其工作性质选择第一种或第二种工作票；无论是变电站电气设备上的工作，还是电力线路上的工作，其共同点为：凡需将高压设备停电或落实安全措施者，应填用第一种工作票；对无需将高压设备停电或采取安全措施者，均填用第二种工作票。但在应用上存在以下不同：

（1）在工作对象上。电力线路工作票系指在电力线路或杆（塔）上及相关场所的工作时，所采用的一种工作票形式；变电站工作票则系指在变电站电气设备上及相关场所的工作时，所采用的另一种工作票形式。两者均视具体工作任务及条件选择使用第一种或第二种工作票。

（2）在主要安全措施上。电力线路上工作的安全措施，主要填写线路《安规》保证工作安全的技术措施，包括停电、接地、使用个人保安线、悬挂标示牌和装设遮栏等，其要求的停电、接地一般系指工作线路和工作地段的各端，也包括因不能满足安全距离要求而停电的相邻近、同杆（塔）线路。变电站电气设备上工作的安全措施，则系指变电《安规》保证工作安全的技术措施，包括需要采取停电、接地、悬挂标示牌和装设遮栏等，"停电"

既包括检修的设备，也包括不能满足工作条件的设备，即拉开与工作有关的全部断路器（开关）、隔离开关（刀闸），且保证工作设备与带电设备之间有明显的隔离断开点，检修的设备实施可靠接地。

（3）在工作环境上。电力线路的本质特征，决定了电力线路上工作的单一性和频繁转移工作地点的特点，工作票上列出了工作班组使用接地线的管控方式。变电站电气设备上的工作，由于明确了固定的工作地点，因此要求全部安全措施在开工前一次完成，且悬挂的安全标示牌、装设的安全遮栏要可靠、清晰。两者在工作环境上有明显的差别。

二、"两票"的对应关系

就其形式而言，操作票、工作票是两种不同形式的票种，分别适用于设备操作和检修作业两种不同的作业形式，虽然有着不同的责任主体，但其在内容上则存在着一定的对应关系。

操作票的责任主体是操作人员，包括操作人、监护人、值班负责人，从作业任务的发起至操作的全过程，操作人、监护人、值班负责人的安全责任贯彻始终。工作票的责任主体是工作票签发人、工作负责人、工作许可人、专责监护人和工作班成员，也是执行工作票制度、工作许可制度、工作监护制度、工作终结制度的主要人员。

电气设备状态一般由运行、热备用、冷备用和检修四种状态，倒闸操作票就为填写改变设备状态的操作项目提供了书面的固定文本（或程序操作的电子文本）。除电网方式调整外，操作票的执行是为工作票组织检修作业做准备，在电气设备遇有检修时，电气工作票上的安全措施栏目内填写的需拉开的断路器（开关）、隔离开关（刀闸）以及二次回路的控制、储能电源开关，应合上的接地刀闸、应装设的接地线，以及需要停用的相关继电保护或安全自动装置等内容，与操作票上的操作项目便形成了一定的对应关系（如：应拉开的开关、刀闸，应合上的接地刀闸、应装设的接地线，应拉开的控制、储能电源、TV 二次回路的开关，应停用的有关保护等）。两者在内容上要按规定填用设备的双重名称，保持设备名称、编号的一致性，且要做到内容齐全、完整。

三、"两票"使用认知

工作票既是准许工作人员在电气设备上进行工作的书面指令，也是明确有关人员安全职责、履行工作许可、工作间断转移和终结手续的书面依据。作为保证工作安全的重要组织措施，具有固定的票面格式，其安全措施栏主要内容体现的是保证工作安全的技术措施，或者视其为安全技术措施的载体，是实施检修现场工作过程控制的重要手段。操作票是将电气设备由一种运行方式转换为另一种运行方式的操作依据，是保证倒闸操作过程安全的技术措施，是作业指导书的一种形式。

正确选用"两票"的种类是正确组织工作的前提。在变电站的倒闸操作应使用变电站倒闸操作票。在 20kV 及以下配电网中的操作要使用配电倒闸操作票。其票面内容集操作任务、操作项目及顺序于一体，成为实施电气设备操作的依据；在使用中，要正确分解操作任务，运用设备操作技术原则和操作术语，将停电、验电、接地、二次设备投停等必填操作项目，规范地填写在操作票上。《安规》的线路、变电、配电部分，分别给出了各专业工作票的种类和与之对应的选用标准；其内容集工作单位、工作人员、工作任务、停电范围及安全措施、作业许可、安全监护、工作终结等于一体，成为了策划、组织和实施电力生产任务的重要依据；在使用中，要将工作单位、工作人员、工作任务等信息，准确地填写在工作票的相应栏目内；要按照"保证安全的技术措施"要求，将停电需要拉开的断路器（开关）、隔离开关（刀闸）以及需要装设的接地线、悬挂的标示牌和装设的遮栏等要素，准确地体现在工作票面上。

执行好工作票和操作票，确保安全的关键在于执行过程，执行过程重在人员的责任心，仅靠规定或制度建设的完善性，是远不能达到安全目标的。因此，作业人员要树立整体概念，将《安规》及有关"两票"内容融合到具体的业务流程和执行的过程中，才能实现"两票"对工作任务的管控目的。

四、"两票"的重要作用

（1）"两票"的风险管控作用。无论是工作票、操作票，还是其他形式的作业指导书，基于其作业时间、地点、人员、工作内容、设备及电网状态的区别，存在的风险因素和防控措施不同，因而工作票、操作票、作业指导书的内容也不同。"两票"的填写和执行过程是"风险管控"的过程。对操作票来说，通过发令人、受令人、操作人、监护人、运维负责人的签字落实人员责任，通过操作内容的逐项正确填写，落实操作程序（操作项、检查项）的正确执行，以规避操作过程中人身、电网和设备风险。对工作票来说，通过工作票签发人、工作负责人、工作许可人等的签字落实工作票中安全措施的正确性，通过工作班成员签字落实工作成员对工作内容、安全措施的知晓和认可，通过工作负责人、工作班成员（包括专责监护人）变动的审批记录落实工作过程中人员管控，通过工作负责人、专责监护人的专责监护落实工作过程安全和质量管控，通过工作终结和工作票终结手续落实工作前状态的恢复（安全措施的拆除）。所以说，"两票"文本既是一个工作全过程风险管控记录，也是一份风险管控责任合同书。

（2）现场工作秩序管控作用。现场勘察制度、工作票制度、工作许可制度、工作监护制度及工作间断、转移和终结制度，是保证工作安全的组织措施的全部内容，其在工作票上的具体体现形式，就是工作票固定文本格式明确的工作组织流程，既是一种制度，也是确保现场工作有序进行的组织形式。在使用中，只有准确理解工作票项目要素排序，严格执行保证工作安全的组织措施，才能确保工作许可、开工、监护、间断、转移、终结以及新增工作任务、人员变动等各环节的正确办理。

（3）安全组织和技术措施的配合作用。"两票"作为现场工作的书面依据，其文本格式形成了"两票"的书面形式，其内容涵盖了保证工作安全的组织措施和技术措施的全部内容，两者有效、有序地融为一体，是安全生产管理的科学应用。

（4）落实责任主体作用。"两票"涉及人员是"两票"的执行主体，也是承担相应安全责任的主体。电气运行人员是操作票的执行主体，工作票签发人、工作负责人、工作许可人（简称"三种人"）是各类工作票、作业票的执行主体，承担着操作票、工作票、作业票的填写、审核、签发和执行任务。各执行主体良好的职业素质，严谨的工作作风，是确保"两票"执行到位的基础和保障。

五、"两票"执行失效教训

多年来，电力行业发生的人身、电网和设备安全事故，究其原因，都存在人的不安全行为、物的不安全状态及环境的不安全因素，同时也暴露出大量管理上的缺陷，其中保证安全的组织措施和技术措施落实不到位是其根本原因。现场勘察不到位、两票填写不正确、安全措施不全面、人员责任未落实等各方面的事故因素普遍存在，事故影响深远，教训深刻，应引起高度重视。

（一）工作票案例

××年8月19日，××变电工程分公司在××供电公司××220kV变电站改造工程消缺工作中，更换10kVⅠ段母线电压互感器时，发生触电事故，2人当场死亡、1人严重烧伤后经医院抢救无效死亡，构成较大人身伤亡事故。

1. 事故经过

8月18日20时，××220kV变电站收到××公司变电工程分公司检修班"变电第一种电子工作票"一份，工作内容为"10kV I段电压互感器更换"。8月19日7时10分，变电站值班员接到地调关于10kV I段母线电压互感器由运行转检修的指令，于7时23分完成操作，将10kV I段母线电压互感器由运行转检修。

变电站运行人员按照工作票所填要求，拉出10kV I段母线设备间隔××小车至检修位置，断开电压互感器二次空气开关，在I段母线电压互感器柜悬挂"在此工作"标示牌，在左右相邻柜门前后各挂红布幔和"止步，高压危险"警示牌，现场没有实施接地措施。由于电压互感器位置在开关柜后，必须由检修人员卸下柜后挡板才能进行验电，变电站运行人员（工作许可人）与工作负责人章××等人一同到现场只对10kV I段电压互感器进行了验电，验明电压互感器确无电压之后，7时50分，工作许可人许可了工作。工作负责人章××带领工作班成员李××等4人，进入10kV高压室I段电压互感器间隔进行工作，工作分工是李××、史××在工作负责人章××的监护下完成电压互感器更换工作，其他2人在10kV高压室外整理设备包装箱。

8时30分，10kV高压室一声巨响，浓烟喷出，1号主变压器低压后备保护动作，母线分段开关及主变压器10kV侧开关跳闸。高压室I段电压互感器柜处有明火并伴有巨大浓烟，李××浑身着火跑出高压室，在高压室外的2位同事帮助其灭火。8时40分左右，现场施工人员和运行人员再次冲入高压室内进行灭火和救人，发现章××和史××在10kV I段母线电压互感器柜内被电击死亡；李××送往医院抢救，后经医治无效死亡。

2. 主要原因及暴露的问题

（1）设备生产厂家擅自更改设计，提供的设备实际一次接线与技术协议和设计图不一致。根据设计要求，10kV母线电压互感器和避雷器均装设在10kV母线设备间隔中，上述设备的一次接线应接在母线设备间隔小车之后。而厂家在实际接线中，仅将10kV母线电压互感器接在母线设备间隔小车之后，将10kV避雷器直接连接在 10kV 母线上，在实际接线变更后，厂家未将变更情况告之设计、施工、运维单位。导致本次停电检修，在拉开 10kV 母线电压互感器××小车后，10kV 避雷器仍然带电。由于电压互感器与避雷器共同安装在 10kV Ⅰ 段母线设备柜内，检修人员在工作过程中，触碰到带电的避雷器上部接线桩头，造成人员触电伤亡。

（2）××公司施工组织和现场安全管理、技术管理不到位，《安规》和《××省电力公司电气两票管理规定》执行缺位，现场作业过程中危险点分析和控制弱化，工作负责人对电压互感器柜内避雷器接线不清楚，现场勘查不仔细，未发现同处一室的避雷器带电，而工作票"停电"的安全措施要求不完备，与《安规》"工作地点，应停电的设备"的规定不符，间隔内应停电的设备未全部停电，同时现场也未对检修设备实施接地的措施。

（二）操作票案例

×年 3 月 30 日，×110kV 变电站 110kV Ⅱ 母、2 号主变压器、10kV Ⅱ 母线运行；110kV 母联开关、10kV 母联开关在分闸位置处，110kV Ⅰ 母、1 号主变压器、10kV Ⅰ 母按计划停电进行春检。未按规定程序实施调度指令操作，未办理操作票，发生了带接地线送电的误操作事故。

1. 事故经过

16 时 30 分，变电工区操作队操作人周××、监护人赵××、第二监护人孙×办理了操作票开始送电操作。先后恢复了 110kV Ⅰ 母、110kV Ⅰ 母 TV、1 号主变压器的运行。在恢复完 10kV Ⅰ 母 TV 运行后，变电工区副主任吕×在现场说："10kV Ⅰ 母、Ⅱ 母都带电，10kV500 母联开关也可以恢复运行了"。此时，操作队当值值班长钱××在变电站主控室用对讲机向在 10kV 高压室的赵××下达该变电站 110kV100 母联开关由检修恢复运行的操作指令，而赵××接令后，未执行此项命令，而是在未办理 10kV 500 母联操作票、未接到值班长指令的情况下，擅自将微机"五防"

解锁，操作前未对 500 间隔进行认真检查，即下令周××实施了 500-1 刀闸的合闸操作，在合上 500-2 刀闸时，发生短路事故（事后经检查 500-2 刀闸开关侧装有一组接地线），造成了 1 号、2 号主变压器复压过电流保护动作，两台主变压器同时跳闸。

2. 主要原因及暴露的问题

（1）现场操作人员在无值班负责人操作指令的情况下擅自操作，操作时未填用操作票，操作中漏拆接地线。与《安规》"有值班调控人员、运维负责人正式发布的指令，并使用经事先审核合格的操作票"的规定不符。

（2）现场操作人员擅自解锁操作。与《安规》"操作中发生疑问时，应立即停止操作并向发令人报告。待发令人再行许可后，方可进行操作。不准擅自更改操作票，不准随意解除闭锁装置"的规定不符。

📋 第三节 "两票"的应用

一、操作票的应用

（一）操作票的基本内容

操作票面包括执行记录栏、操作任务栏、操作顺序栏、操作项目栏、备注栏。执行记录包括发令人、受令人、发令时间、操作开始时间、操作结束时间及操作人、监护人、运维负责人。

操作任务栏填写实施设备运行方式转换的状态，与调度下达的操作指令相对应。操作顺序栏填写操作项目的顺序编号；操作项目栏则填写实施设备状态转换操作的项目，是操作票的核心内容，须按照操作项目的先后顺序依次填写，并使用规范的操作术语。

操作票可以理解为保证倒闸操作安全的作业指导书。

（二）操作票的执行

操作票的执行流程包括操作准备、填写操作票、核对操作票、接受操作指令、模拟预演、复核、完成汇报共 7 个步骤。

操作票执行注意事项：

（1）内容填写的正确性。填写时要有全方位思维，牢记具体操作流程（包括一次与二次的配合），为安全顺利完成操作任务提供一个正确的执行文本。

（2）执行的正确性。严格按操作票顺序操作，防止因漏项、跳项、倒项发生误操作。

（3）严格操作纪律。执行过程必须执行监护复诵制度，做到一丝不苟；注意操作过程的连续性，如中途中断操作，继续操作时必须重新核查已操作的项目；注意防止电气误操作闭锁装置的使用，严禁随意解锁，防止发生"五误"事故｛即：防止误分、误合断路器（开关），防止带负荷拉、合隔离开关（刀闸）或手车触头，防止带电挂（合）接地线（接地刀闸），防止带接地线（接地刀闸）合断路器（开关）[隔离开关（刀闸）]，防止误入带电间隔｝。

（三）正确理解操作票

操作票是《安规》中停电、验电、接地等保证安全的技术措施的程序性文本，自应用以来，为提高倒闸操作的正确性，保证人身、电网和设备安全发挥了重要作用。《安规》对操作票的填写内容作了规定，但细致、明确程度存在不足，基本使用概括性术语，如《安规》对设备操作后位置检查，要求"至少应有两个非同样原理或非同源的指示发生对应变化"，才能判断设备确已操作到位，但未规定写入操作票的检查项具体数量。故此，对该项操作进一步明确的要求就十分迫切，在处理该问题时，既要严格执行《安规》的规定，又要符合实际方便于开展工作，须提高操作票的可读性和可操作性，操作票填写内容的细致化表现程度把握好"度"，在易读性和管控度方面取一个平衡点。

二、工作票的应用实践

（一）工作票的基本内容

变电、线路、配电《安规》中规定工作票虽有固定的文本格式，但其设计思路基本相同，即工作班人员、工作任务、安全措施及具体执行时的签发、许可、交底、人员变更、终结等内容和过程。在线路工作票安全措施的填写上要牢记"四个断开"（即断开电源侧各端开关及刀闸、断开线路上需要操作的各端开关及刀闸和熔断器、断开危及线路停电作业的交叉跨越及平行架设线路的开关及刀闸和熔断器、断开可能反送电的低压电源的开关及刀闸和熔断器），防止四个方面的来电（即防止变电站侧来电，防止分支线来电，防止低压返送电，防止平行、交叉线路的感应电）。变电工作票安全措施的填写要牢记"隔离"，即保证用刀闸和接地线隔离所有的来电侧，用安全围栏和标志牌防止误入带电间隔及误动、误碰有电设备的可能。

工作票基本内容虽有严格的填写规定，要求全部填写内容齐全、完整，但其在填写顺序上则没有向操作票规定得那么严格，由于一个专业或单位具备填写工作票资格的人员（工作负责人、工作票签发人）众多，故此，在工作票的填写上，要避免因规程理解、任务分解、工作习惯等方面引起的填写差异，掌握好重点内容的填写规范。

（1）工作的必要性。检修工作任务的安排，要严格执行检修计划，统筹设备大（小）修、技改等项目一并安排，减少重复性停电或零散性检修工作，降低作业频次和工作风险。

（2）人员安排满足工作需要。充分考虑工作性质及专业要求，一次性安排满足工作需要的人员，并在数量上得以保证，选派工作组织能力强、技术过硬的工作负责人，避免工作过程中的班组成员、工作负责人的临时变更以及对工作可能造成的影响。

（3）合理分解工作任务。全面理解并掌握检修计划，综合考虑"一个电气连接部分"以及工作地点、工作内容等要素，合理确定填写工作票的数量。尽量避免"大票"的使用，规避交叉、多专业、多地点等作业风险。

（4）严格停电计划。在电网结构和运行方式允许的前提下，科学、合理安排停电计划，且停电计划一经批准，就要严格执行，避免计划调整带来的作业风险。充分考虑检修工作时间、操作时间、间断作业及工作进度等实际情况，确定并报批满足工作需要的"检修期"，避免"赶工期"工作风险或发生无谓的工作延期。

（5）安全措施齐全完善。全面掌握工作任务涉及电气设备的接线方式，按照检修"隔离"的基本要求以及作业现场环境等，确定应停电的范围，明确应拉开的有关开关及刀闸，应合上的接地刀闸或应装设的接地线，应装设的遮栏和标示牌，应退出的继电保护和安全自动装置出口压板等，以及周围设备带电情况、注意事项、其他要求等。

（二）正确办理工作票的许可和终结手续

1. 工作票的许可方式

工作票面中的多行许可和终结起源于 2005 版《安规》中的电缆工作票，目的是适用于电缆线路中的电缆进站工作。基于同样原因，自 2009 版《安规》颁布后，电力线路第一种工作票增加了多行许可和终结。2014 年配电《安规》颁布后，配电第一种工作票、配电第二种工作票、配电带电作业工作票亦设置了多行许可和终结，其目的既是为了适应配电电缆线路、架空线路进入变电站馈线间隔压接的需要，同时也是为了适应配电工作中允许多次转移工作的需要。

概括来讲，工作票中设置多行许可和终结栏目的原因有三个方面：① 依次进行的不同（或数条配电线路或不同工作地点）配电线路上的工作，可依次开展工作许可和工作终结；② 对线路（电缆）进入变电站的工作，可由变电运维人员许可和办理工作终结；③ 在有配合停电线路时，可由配合单位工作许可人办理许可和终结（也可通过工作单位工作许可人办理许可和终结）。

2. 县公司配电线路的工作许可

目前，各市供电公司对配电线路的工作许可和终结，在调度员许可的基础上，普遍使用二级工作许可人（停送电联系人）许可、终结现场工作。经多年实践，该种许可方式科学有效地解决了调度许可人对现场不熟悉、不能准确把关的问题。自市县一体化以来，部分县供电公司仍存在配电线路工作由变电运维人员作为二级许可人的许可方式；由于手拉手线路大量存在，且不断增多，变电运维人员对配电线路的工作方式、拉手点不了解，该种许可方式已不符合当前配电线路检修安全管控的需要。针对该项问题，提出许可方式如下：一种许可方式为调度直接许可方式，即值班调度员直接对现场工作负责人许可，该类许可方式的缺点是在配电网和电网调度一体的情况下，增加了值班调度人员的工作量和风险管控责任，如值班调度员对配电网线路不熟悉，无法实现风险管控；另一种许可方式为在配电管理单位（供电所）增设二级许可人，二级许可人起到值班调度员和工作负责人之间的上传、下达作用，但该二级许可人要求有较高的业务素质，否则起不到风险管控作用。以上两种方式可由县供电公司结合自身生产实际确定。

3. 用户设备检修的工作许可

用户变电站、输配电线路大量存在，受限于用户用电管理人员的业务能力，设备检修时存在较高的风险。针对此问题，用户管理部门（营销部、客户服务分中心）二级许可人可作为值班调度员与用户电工的联系人，起到上传下达的使用。同时，用户设置的工作许可人必须具有高压电工资质，并经考试合格或经当地政府电力主管部门的批准。用户设备投产验收前，业扩验收人员必须将用户工作许可人的资质把关作为重点内容。

（三）关于工作过程中的安全管控

为确保现场工作安全，执行好工作票非常重要，但工作票并不是万能的。工作票主要控制开工前的人员组织、安措设置，以及收工时的人员撤离和安措拆除，对于工作过程，工作票只控制人员变动，具体的工作过程安全管控水平取决于工作班成员的自觉性及工作负责人和专业监护人的业务能力、工作责任心，无法从票面上全面控制。

开工后工作过程的风险如何管控，早已引起了业内专家的重视，一直执行的作业指导书主要目的是控制工作的全过程，但多年来各单位执行的效果并不理想，原因是针对每项工作指导书不可能雷同，需高素质的人员针对现场实际制定。作业过程的安全控制主要靠工作班组人员的履职尽责，这也是《安规》中特别重视并明确规定工作票签发人、工作负责人、工作许可人、工作班成员等职责的原因。

（四）正确理解工作票的"安全措施"

《安规》条文中"安全措施"出现得最为频繁，但并未明确定义。"安全措施"是一个宽泛的词句，从广义方面来讲，整个《安规》的条文都是安全措施，从狭义来讲"安全措施"是指工作票中体现的用来规避安全风险的关键环节，如应拉开的开关、刀闸，应合上的接地刀闸，应装设的接地线，区分带电区域和停电区域的刀闸，应拉开或取下的防止向一次设备返送电的二次小开关或保险等。理解条文时，应以风险管控为原则，理清保证工作安全的主要安全措施。

变电第一种工作票安全措施栏中的"安全措施"是一个较为宽泛的概念，它以保证安全的技术措施为主线，列出工作前开关、刀闸、接地刀闸、接地线、遮栏和标志牌应处的位置；本栏目的安全措施既有检修范围的设备，也有处于检修和停电范围之间不可触动的设备。遮栏和标志牌的作用就是用以隔离这两种设备。所以说，工作票中"安全措施"栏的设置方式是非常科学、实用的。

如变电第一种工作票，在现场检修设备较多时，第 6 项"安全措施"栏填写的内容较多，给人一种清晰度不够的感觉。由此，部分工作人员提出了减少填写内容的要求，该要求以"封口"或"隔离"为理念，即填写检修设备外围应拉开的刀闸、应装设的接地线等，对检修工作的开关、刀闸等可以简写或不填写，以此增加票面的清晰度，现以"开关停电检修"为例分析比较，见表 1－3。

表 1－3　　　　　"开关停电检修"作业安全措施的填写

应拉开断路器（开关）、隔离开关（刀闸）	已执行
常规填写方式：拉开 115 开关，拉开 115－1、115－2、115－3 刀闸 不规范填写方式：拉开 115－1、115－2、115－3 刀闸	
应装设接地线、应合接地刀闸	已执行
合上 115－D3、115－D5、115－D6 接地刀闸	
应设遮栏、应挂标示牌及防止二次回路误碰等措施	已执行
1. 在 115－1、115－2 刀闸操作把手上悬挂"禁止合闸，有人工作！"标示牌。在 115－3 刀闸操作把手上悬挂"禁止合闸，线路有人工作！"标示牌。 2. …	

第 1 栏："应拉开断路器（开关）、隔离开关（刀闸）"是对应本份工作票实施的设备状态更改要求。

第 2 栏："应装设接地线、应合接地刀闸"是将停电设备接地，防止误操作引起的突然来电或感应电风险。

第 3 栏："应设遮栏、应挂标示牌及防止二次回路误碰等措施"，系指用遮栏和"在此工作"标志牌来界定检修人员的活动范围和工作地点，用"禁止合闸，有人工作""禁止合闸，线路有人工作"标志牌来标识不可检修的设备。

表 1－3 第一栏中常规填写方式、不规范填写方式，其区别在于被检修设备"115 开关"是否应出现在安全措施内。对照《安规》中保证工作安全的技术措施规定，应停电的设备首要是"检修的设备"，以及隔离的设备、安全距离不够的设备等。因此，

将被检修的设备列入安全措施内将是较为严谨的执行方式。

而不规范填写方式，未将被检修的设备"115开关"列入安全措施内，票面上虽较为简洁、清晰，尤其在多台设备检修的情况下，省略了一些安全措施内容，但对照《安规》规定，则暴露出执行规程的不严谨。

以上工作票示例，仅是一项最简单的工作，但大部分工作为多间隔或多个电压等级的工作，具体安全措施要复杂得多。为此，以上示例中的"特殊填写方式"，虽符合事故防范理论中"隔离"的措施要求，但也要全面地、辩证地看待问题，且与当前严格执行《安规》、"两票"的要求存在偏差，不推荐执行。

三、"两票"的信息化应用

20世纪九十年代末，随着计算机及网络技术在电网企业的广泛应用，倒闸操作票、工作票也逐步实现了计算机智能生成及网上流转功能，使得"两票"信息化管理迈出了重要一步。

（一）倒闸操作票

倒闸操作票的智能生成，是基于在变电站模拟接线图的基础上赋予操作元件［断路器（开关）、隔离开关（刀闸）、继电保护及二次回路操作元件等］基本操作术语、闭锁逻辑关系而形成的，与变电站微机防误操作系统关联，全面实现了倒闸操作票与变电站微机防误操作系统一体化运行。这不仅让变电运维人员从复杂的操作票书写工作中解放出来，有效避免了人员极易出现的书写错误，而且使得倒闸操作票与防误解锁操作工作变得简便易行，极大地提高了工作效率。但也因其前期大量的操作元件图形制作、复杂的逻辑关系编辑与关联，使得系统维护具有较大的工作量，也严重制约着网络版系统的应用。

改变集控变电站倒闸操作票电气接线图形绘制结构的固定思维方式，建立依托于电气设备管理信息系统于一体的新型数据库结构，获取调度信息系统设备状态量的在线支持，将是实现倒闸操作票智能生成和提高工作效率的有效途径。

（二）工作票

工作票的网络化流转，是将电子版的工作票（固定格式）依托系统内办公网络实现发送与接收。需具备的条件：① 要求单位具备网络运行条件；② 开发信息流转平台，明确关键节点功能；③ 完善平台用户角色信息。当前电力企业内、外部计算机网络已经满足开展实际工作的条件。

（三）"两票"移动 App 的应用

当前，App 已经普遍应用于商业运营及人们生活的各领域，或以单位、或以群组的形式开展业务流程化处理。电力系统办公及生产场所"两票"移动 App 平台的建立与在线应用，将为加强"两票"业务执行流程关键环节、重点节点管控，及时处理"两票"业务及"在线监视"提供更为便捷的工作手段，更有利于生产业务的统一协调指挥，同时亦方便于实现诸多电子版资料的归档保存。

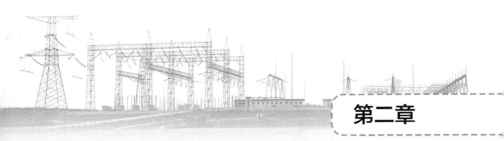

第二章

倒闸操作及操作票

变压器、断路器（开关）、隔离开关（刀闸）、母线、互感器等一次设备以及继电保护、安全自动装置等二次设备，是电网中的重要组成部分，依其不同的结构和原理，在电网中分别承担不同的工作任务。为满足设备检修、负荷潮流分布需要，需对电气设备状态进行改变，将操作项目组成设备的操作序列（操作票），实现设备状态变更、防止发生电气误操作事故的目的。

📋 第一节 倒 闸 操 作

变（配）电站（发电厂）倒闸操作系指实施一、二次电气设备由一种状态改变为另一种状态的操作，实现对电气设备状态改变或电网运行方式调整的目的（因对一次设备控制电源以及继电保护、安全自动装置压板的投、切，同样是改变了设备的状态，故此也被称为倒闸操作）。电力系统设备一般有运行、热备用、冷备用和检修四种状态，大多设备状态的改变是通过断路器（开关）、隔离开关（刀闸）的分、合闸来完成的，电力系统主要设备运行状态的改变，均应有值班调度员发布的调度指令，通过操作来完成。发电厂、变电站及电力系统的倒闸操作主要有：

（1）电力线路的停送电操作；

（2）变压器的停送电操作；

（3）发电机的启动、并列或解列操作；

（4）电网的合环或解环操作；

（5）母线接线方式的改变操作；

（6）中性点接线方式的改变或消弧线圈的调整；

（7）电容器、电抗器、调相机等无功设备的投、切或启停；

（8）继电保护和安全自动装置运行状态的改变。

上述大部分操作是依据断路器（开关）、隔离开关（刀闸）的分、合闸来完成的，因此断路器（开关）和隔离开关（刀闸）常被称为开关电器。为完成一次设备状态的改变或运行方式的调整，同时配合对相关断路器（开关）、隔离开关（刀闸）控制电源以及继电保护、安全自动装置压板的投、切，因其同样是改变了设备的状态，因此也被称为倒闸操作。

电力系统运行应接受所属调度机构的统一指挥，按照调度指令实施设备操作。指令形式分为单项操作指令、逐项操作指令或综合操作指令。

（1）单项操作指令是指发令人只发布一项操作指令，由受令人完成后汇报给发令人。

（2）综合操作指令是一个操作任务只涉及一个单位的操作，发令人只发给操作任务，由受令人或受令单位按照有关规定自行操作，在得到发令人允许之后即可开始执行，完毕后再向发令人汇报，如调度机构下达的变电所倒母线和变压器停送电等操作指令。

（3）逐项操作指令是指发令人逐项下达操作指令，受令单位或受令人按指令的顺序逐项操作。一般涉及两个及两个以上单位的操作，必须事先按操作原则编写好操作票。操作时逐项下达操作指令，受令人按指令逐项操作完毕后汇报，如线路的停送电等操作指令。

一、倒闸操作的原则

电气设备的倒闸操作是一项十分严谨的工作，调度员和发电厂、变电站运维人员应能按照操作任务并遵循有关技术原则和制度完成操作，操作后系统的运行方式应满足安全、经济、可靠运行的要求。操作的原则：

（1）安全是第一位的考虑因素，任何操作必须保证人身、电网和设备的安全。停电拉闸操作应按照断路器（开关）—负荷侧隔离开关（刀闸）—电源侧隔离开关（刀闸）的顺序依次进行，送电合闸操作应按上述相反的顺序进行。禁止带负荷拉合隔离开关（刀闸）。

（2）电力系统的操作，应按其所属调度隶属关系，在调度人员的指挥下进行操作。非上级调度管辖设备的方式变更或操作，如果影响系统安全稳定运行时，应经上级值班调度人员许可后方可进行。对于上级调度所管辖的设备，如经操作后对下级调度管辖设备的系统有影响时，上级值班调度员应在操作前向下级调度值班员通报信息。

（3）操作前要充分考虑系统接线方式变更后的正确性，以及对重要用户供电的可靠性。

（4）操作前要对系统的有功和无功功率加以平衡，保证方式变更后系统的稳定性，并应考虑备用容量。

（5）操作时注意系统变更后引起的潮流、电压及频率变化，应将计划改变的运行接线及潮流变化及时通知有关现场。由于变更系统使潮流增加，应采取加强监视及检查的措施，特别是可能引起接点发热、设备过载或超稳定数值等情况。

（6）要保持中性点直接接地点的合理分布和消弧线圈的合理使用。

（7）继电保护及自动装置应配合协调。

（8）由于检修、扩建有可能造成相序或相位变化者，送电前应经检验正确后送电。

（9）带电作业要按检修申请制度提前向所属调度提出申请，经批准后方允许作业。严禁约时停、送电。

（10）系统变更后，要重新拟定事故处理措施，必要时事先做好事故预想。

二、倒闸操作制度及注意事项

（1）操作前，要认真做到"五查"（即查内容、查时间、查单位、查停电范围、查检修运行方式）。严把操作前最后关口，及时发现并弥补漏洞、避免误操作。

（2）填写操作票要做到"四对照"（即对照现场、对照检修票、对照实际系统运行方式、对照典型操作票）。操作人填写操作票，监护人负责审查，运维负责人（班长、值长）审核、批准。操作前还要在模拟盘上预演，以检验操作票的正确性。

（3）要严格执行操作监护。在整个操作过程中，监护人必须做到全过程操作监护，在发现问题时能够及时予以纠正。完成全部操作任务后，监护人、操作人进行操作后的复核，避免发生遗漏。

（4）倒闸操作应避免在雷雨、大风等恶劣天气、交接班或高峰负荷时进行（必须送电及系统事故情况下的操作除外）。遇有交接班时必须进行的操作，只有在操作全部结束或告一段落后，再进行交接班。

（5）复杂或重大试验的操作。应制定详细计划和试验方案，必须事先对运行方式、继电保护以及操作步骤做周密安排，并做好事故预想。

（6）交接班交接的操作票。操作人员应根据值班调控人员或运维负责人的操作预令填写操作票，操作人员和现场运维负责人（或当值负责人）分别审核并签名。若由交班人员填写时，接班人员在审查合格、确认无误后，在操作人、监护人、现场运维负责人处签名后执行。签字的每个人都应对操作票的正确性负责。

（7）间断操作。为同一操作目的，根据调度指令进行中间有间断的操作，应分别填写操作票。如果填用一份操作票，每接一次操作指令，应在操作票上用红线表示出应操作范围，不得将未下达操作指令的操作内容一次模拟完毕。分段操作时，应在操作项目终止、开始项旁边填写相应的时间。

（8）操作项目错误。操作过程中发现操作票有问题，该操作票不得继续使用，并在已操作完项目的最后一项盖"已执行"章，在备注栏注明"本操作票有错误，自××项起不执行"；对多张操作票，应在次页起每张操作票的任务栏内盖"作废"章，然后重新填写操作票再继续操作。

（9）设备的远方（遥控）操作。对满足倒闸操作规定、技术原则的设备，可实施远方（遥控）操作，如对断路器（开关）、负荷并关的分合闸，有载调压变压器分接头位置的调整，继电保护或安全自动装置的投入（退出）及信号复归的操作等。远方（遥控）操作要执行操作监护制度。

操作人、监护人须经本人密码录入、操作项目审核、确认后，方可发出执行命令。遥调（控）操作后的设备状态，操作人员可通过主接线界面图示变化、相应遥测电气量（如电压、电流、功率等）、遥信开关量（如变位、状态显示、位置变化等）相结合的方式进行判断（判断时，至少应有两个及以上指示同时发生对应变化）已操作到位；当遇有任一变位量不一致时，应作进一步核对。

操作中如若发生疑问，应立即停止操作并向发令人报告，待发令人再行许可后，再进行操作；不准擅自改变操作方式。

（10）调度监控与现场的配合操作。调度监控（调控）人员实施变电站断路器（开关）分（合）闸遥控操作后，现场操作人员应对其遥控操作项目检查确认后，再实施后续操作。倒闸操作票的操作任务（转换的状态）应与调控下达的状态指令相一致；操作票的操作项目应与操作任务相对应［如由运行转热备用的操作任务，则对断路器（开关）的操作项目应为检查项目］。

（11）操作任务的确定。依据调度操作预告，科学、合理的分解操作任务，使得操作项目更好的配合，不仅可以提高操作效率，而且还可以防止误操作。一张操作票只能填写一个操作任务。而一个操作任务的确定以最基本的电气单元（一个电气连接部分）为宜。如以一条线路、一台变压器、一条母线为一个操作任务，这样填写的操作票任务既清晰又便捷。在遇有线路变压器组接线的方式时，可以考虑组合电气单元的形式确定操作任务。

（12）计算机生成操作票。计算机生成操作票系统，用户登录口令应严格管理，禁止擅自修改系统数据或防误闭锁逻辑关系。供填写倒闸操作票使用的运行方式接线图，在投入使用前应经过本单位运维管理部门认可，在方式发生变更时，运维管理部门应及时通知进行修改，并履行复核、审批手续。与计算机防误系统关联或共用的操作票系统，必须制定计算机防误管理制度并严格执行。在填写操作票前，应核对设备运行方式与当前方式相一致；系统自动模拟操作重新生成的操作票，应认真进行核对，确保内容正确。

三、倒闸操作的一般步骤

（1）调度员制定操作任务。调度员根据检修停电、运行方式变更计划制定操作任务，确定操作主要内容。

（2）调度员发布操作预令，现场运维负责人（班长、值长）接受操作任务。发布和接受操作任务时，现场受令人应明确操作目的，做好与现场实际的核对，遇有疑问应及时提出。预发任务双方要进行电话录音，复诵无误后，记录任务内容和对方姓名，记录时间并签名。

（3）填写操作票。现场人员按已接受的操作任务填写操作票，受令人应向填票人详细交待操作任务、操作项目以及注意事项；核对模拟盘并参照典型票填写操作票。编制操作步骤要注意运行接线变化可能引起的功率潮流变化，调度员应根据运行方式部门预先计算的功率潮流分布或当班进行的仿真模拟计算核对继电保护定值、设备容许电流和环网的潮流分布，并把有关数据通知现场有关人员，做到人人心中有数。对于复杂的操作，还要进行现场核实。填写恢复送电操作要查阅停电操作票，以免发生错误。

对于交接班交接的操作票，要经接班操作人员审查正确后方可执行，避免因接班准备不足而发生错误。

（4）审核操作票。填写的操作票，应经自查无误并签名后，交监护人或负责人审核。审核人应按照操作原则及现场实际状况审核操作票，无误后签名负责。

审核发现差错的操作票应予作废，由操作人重新填写操作票。

（5）发布操作预令。调度员按照操作票顺序向现场发布操作预令。操作预令对某一现场可能是一项也可能是多项，现场要记录好本单位的操作内容和顺序。

（6）核对预演。操作前，操作人员要按操作票顺序在模拟盘上模拟操作、核对，确认无误后，监护人、操作人做好操作前准备。

（7）操作前准备。操作前要准备好录音和记录。现场还要准备必要的操作工具、绝缘手套、接地线和钥匙等。需要进行的二次回路操作，还要做好电压表、短接片的准备。

（8）现场实际操作。

1）调度员按操作票向现场逐项下达操作指令，现场受令人员复诵指令，实施双方录音，并记录下令时间。

2）操作人和监护人一同前往被操作设备前，共同核对设备的名称、编号和位置，对于加锁的设备要检查其处于"准备打开"位置。

3）监护人高声唱票，操作人高声复诵并用手指向所要操作设备的位置，监护人发出"对，执行"的命令，操作人打开防误装置正式动手操作。一项操作完成，检查无误，监护人要在操作票上及时填上表示该项已执行的"√"号，之后告知操作人下一步操作项目。完成操作票全部操作项目后，应复查操作内容，并核对和改变有关标志、悬挂指示牌。

4）操作中要精力集中、专心致志，严禁跳项、不复诵操作。要严格执行监护、唱票、复诵、对号操作的制度。

（9）操作结束并做好汇报与记录。现场操作完毕，由监护人在操作票上填写操作结束时间，向调度汇报操作开始时间和终了时间以及操作内容，并录音、记录对方姓名，监护人和操作人也要签名，加盖"已执行"印章，在运行日志上记录操作内容和时间等，将操作工具和钥匙等放回存放地点。

四、电气设备操作

（一）高压断路器（开关）操作

断路器（开关）具有灭弧能力，能切断负荷电流和短路电流，是进行倒闸操作的主要工具。断路器（开关）的正确动作对保证系统安全运行意义重大，操作要领如下：

（1）断路器（开关）的正常操作，应按照事先填写的操作票并在监护下逐项执行操作，具备远方操作条件的设备可实施远方遥控操作。

（2）断路器（开关）的分合闸将引起主设备状态及电网运行方式的改变。断路器（开关）合闸前，有关继电保护必须投入或完成继电保护操作前（后）的定值修改。

（3）采用操作把手进行的断路器（开关）分合闸操作，操作把手的用力要适当，防止损害控制开关，也应避免因操作把手返回过快使得断路器（开关）合闸失败。计算机监控系统的断路器（开关）分合闸操作，要经输入操作人口令、设备编号、名称核对正确后，"确认"执行，并判断设备变位正确。

（4）断路器（开关）操作前，要确认断路器（开关）操作机构处于完好状态；在操作时要遵守各类不同断路器（开关）的特殊要求，如油断路器（开关）、SF_6 断路器（开关）、真空断路器（开关）、气体绝缘金属封闭开关设备（GIS）等特殊性能规定（如断路器（开关）故障断开后再次合闸间隔时间等）。

（5）改变系统接线时，应首先检查有关断路器（开关）开断容量能否满足要求，断路器（开关）的开断容量应大于最严重情况下通过该断路器（开关）的短路电流。

（6）在分合闸时，运维人员应从各方面检查判断断路器（开关）的触头位置是否真正与外部指示相符。此外，现场人员或调度（控）员还应根据设备的电气仪表（电压表、电流表、功率表等）的指示以及系统内的其他现象来帮助判断断路器（开关）的位置。

（7）断路器（开关）动作三相不同期（三相触头不同时闭合或断开）时间超过规定值，能够引起系统的异常运行。在中性点直接接地系统，断路器（开关）三相不同期引起的零序电流可能使线路的零序保护动作。

（8）运行中断路器（开关）或操作时发生非全相运行，应立即向调度汇报。如断路器（开关）两相断开，调度员应立即命令现场运行人员将未断开相的断路器（开关）拉开；如果断路器（开关）是一相断开，可命令运行人员试合闸一次，试合闸仍不能恢复全相运行时，应尽快采取措施将该断路器（开关）停电。

当再合闸仍不能恢复全相断路器（开关）运行且潮流很大，如拉开运行相断路器（开关）可能引起电网稳定破坏、解列单运、损失负荷或引起其他设备严重过载扩大事故时，应立即采取如下措施：

1）调整非全相断路器（开关）两侧电源的出力使非全相运行断路器（开关）元件的潮流最小，及时消除非全相运行。

2）用侧路开关代替非全相断路器（开关），用非全相断路器（开关）的隔离开关（刀闸）解环，使非全相断路器（开关）停电。

3）用母联断路器（开关）与非全相断路器（开关）串联，操作母联断路器（开关）使非全相断路器（开关）停电。

（9）断路器（开关）的检修工作，不仅要断开断路器（开关）

的直流控制电源，还要断开操动机构的合闸（储能）电源，退出断路器（开关）失灵启动/出口等相关保护压板，防止因断路器（开关）检修工作（分闸失灵）时造成保护装置误启动。断路器（开关）送电前，应首先合上直流控制电源和合闸（储能）电源，并检查断路器（开关）控制回路指示正常、储能回路指示正常。

（二）隔离开关（刀闸）操作

隔离开关（刀闸）的主要功能：在断路器（开关）断开电路后，由于隔离开关（刀闸）的断开，使停电部分与带电部分有明显的断开点。操作的基本要求如下：

（1）拉、合无故障的电压互感器（TV）或避雷器；

（2）拉、合 220kV 及以下电压等级母线和直接连接在母线上的电气设备的电容电流；

（3）拉、合变压器中性点隔离开关（刀闸）（当中性点有消弧线圈时，只有确认无故障才可以进行操作，且要根据具体方式按有关规程执行）；

（4）拉、合旁路电流，但必须确认另一支路处于有效连通状态，避免造成事故；

（5）拉、合励磁电流不超过 2A 的空载变压器和电容电流不超过 5A 的空载线路，但当电压在 20kV 及以上时，应使用户外垂直分合式的三联隔离开关（刀闸）或按具体规程执行；

（6）拉、合电压在 10kV 以下、电流在 70A 以下的环路均衡电流。

手动合隔离开关（刀闸）时，要迅速而果断，但在合闸行程终了时，不要用力过猛，以防损坏支柱绝缘子或触头。合闸中如产生电弧，要毫不犹豫地继续合闸操作，禁止返回拉开；手动拉隔离开关（刀闸）时，应缓慢而谨慎，特别是触头刚分开时，如果产生较强电弧，要立即反向操作，将隔离开关（刀闸）合上并停止操作；倒换母线的操作，在刀闸触头分离时，要注意观察运行刀闸的通流状况（封闭式设备除外），若运行刀闸触头部分有连续较强放电现象，则应检查运行刀闸触头是否接触良好或已操作到位。否则，要考虑恢复原运行方式，做进一步检查后再行操作。隔离开关（刀闸）电动操作机构，在分、合闸操作前合上操作电源，操作后宜断开操作电源（远方操作者除外）；隔离开关（刀闸）检修工作时，应断开操作电源，检修中的调试操作应经运维人员的同意。

当断路器（开关）与隔离开关（刀闸）串联使用时，合闸时先合隔离开关（刀闸），后合断路器（开关）；拉闸时先拉断路器（开关），后拉隔离开关（刀闸）。当一个设备串联有 2 个隔离开关（刀闸）时，刀闸本身的操作次序常从下列原则出发，即当开关实际位置与外部指示不符时，操作不致引起事故或事故损失最小。常态下，线路送电时，应在合断路器（开关）之前，先合母线侧隔离开关（刀闸），后合线路侧隔离开关（刀闸）。这样即使断路器（开关）实际上由于某种原因未在断开位置时，用隔离开关（刀闸）充电造成的事故可能由设备本身开关跳闸而消除。反之，后合母线隔离开关（刀闸）时，则要引起母线事故停电，影响母线上其他设备。停电时先分设备侧隔离开关（刀闸），后分母线侧隔离开关（刀闸），这样即使断路器（开关）未断开时，误拉隔离开关（刀闸）引起的事故，有可能由设备本身开关跳闸而消除，不能导致母线停电。

三绕组变压器仅停一电源侧开关的操作，视同线路原则操作。

（三）母线操作

母线的操作是指母线的送电和停电以及母线上的设备在两条母线间的倒换操作等。母线是设备的汇合场所，连接元件多，操作工作量大，操作前必须做好充分准备，操作时要严格按次序进行。母线操作的方法和注意事项如下：

（1）备用母线的充电，有母联断路器（开关）时应使用母联断路器（开关）向母线充电。母联断路器（开关）的充电保护应在投入状态，必要时要将保护整定时间调整到零。这样，如果备用母线存在故障，可由母联断路器（开关）切除，防止扩大事故。如无母线断路器（开关），必须确认备用母线处于完好状态，方可用刀闸充电，但在选择刀闸和编制操作顺序时，应注意不能出现过负荷。

（2）母线倒闸操作过程中，应断开母联断路器（开关）的控制电源，防止母联断路器（开关）误跳闸，造成带负荷拉刀闸事故。

（3）一条母线上所有元件须全部倒换至另一母线时，有两种倒换方式，一种方式是将某一元件的刀闸合于一母线后，随即拉开另一母线刀闸；另一种方式是全部元件的刀闸都合于一母线之后，再将另一母线的所有刀闸拉开；交流电压回路应随刀闸操作一并切换，且与运行母线保持一致，自动切换电压回路在刀闸分、合闸后检查切换情况。上述操作方式可根据操作机构位置和操作习惯确定。

（4）由于设备倒换母线的操作后，被空出的母线和母线上的电压互感器将停电，应注意勿使继电保护及自动装置因其电压回路失去电压而误动作。同时，应防止电压互感器通过二次向停电母线反充电而引起的电压回路熔断器熔断、二次空开跳闸，造成继电保护误动等情况的出现（通过二次回路反充电，造成运行中的电压互感器二次开关过电流跳闸或熔断器熔断）。

（5）进行母线操作时，应注意对母差保护的影响，要根据母差保护运行规程作相应的变更操作。

（四）变压器操作

变压器的操作系指用断路器（开关）进行分、合闸，实现变压器充电、切空载、并列、解列等操作。

（1）变压器的空载电压升高。一般降压变压器分接头调整在5%～10%上，而超高电压长距离线路空载末端电压比送端电压高5%～7%，同时送端电压往往比额定电压高。因此，若是变压器空载，尤其是变压器—送电线路单元接线低压侧电压常会比额定电压高 15%～20%。由于变压器铁芯饱和，过高的运行电压将产生高次谐波电压，其中的三次谐波成分较大，畸变为尖顶波，将使变压器绝缘受到损坏，很容易在绝缘薄弱处击穿而造成事故。

因此，调度员在指挥操作时应设法避免上述电压的升高，如投入电抗器、调相机带感性负荷以及改变有载调压变压器的分接头等以降低受端电压。此外，也可以适当降低送端电压。如果送端是单独向一座变电站供电的发电厂，可以按照设备要求较大幅度地降低发电厂的电压。如果发电厂还有其他负荷时，在有可能的条件下，可将发电厂的母线解列，以一部分电源单独按设备要求调整电压。

（2）变压器的励磁涌流。变压器充电时会产生励磁涌流，对大型变压器来说，励磁涌流中的直流分量衰减得比较慢，有时长达约 20min，尽管此涌流对变压器本身不会造成危害，但在某些情况下能造成电压波动，如不采取措施，可能使过电流、差动保护误动作。

为避免空载变压器合闸时由于励磁涌流产生较大的电压波动，在其两端都有电源的情况下，一般采用离负荷较远的高压侧充电，然后再低压侧并列的操作方法。尤其是低压母线上具有对电压波动反应灵敏的负荷时更应注意。

（3）变压器的中性点。在 220、330kV 及 500kV 系统中，均采用中性点直接接地方式，变压器中性点接地数量和在网络中的位置是综合变压器的绝缘安全、降低短路电流、继电保护可靠动作等要求决定的。

1）若数台变压器并列于不同的母线上运行时，则每一条母线上至少需有一台变压器中性点直接接地，以防止母联开关跳开后使某一母线成为不接地系统。

2）若变压器低压侧有电源，则变压器中性点必须直接接地，以防止高压侧断路器（开关）跳闸，变压器成为中性点绝缘系统。

3）若数台变压器并列运行，正常时只允许一台或两台变压器中性点直接接地。在变压器操作时，应始终至少保持原有的中性点直接接地个数。例如，两台变压器并列运行，1号变压器中性点直接接地，2号变压器中性点间隙接地，1号变压器停运之前，必须首先合上2号变压器的中性点刀闸，恢复送电时必须在1号变压器（中性点直接接地）充电以后，才允许拉开2号变压器中性点刀闸。

4）变压器停电或充电前，为防止变压器三相不同期或非全相投入产生过电压影响变压器绝缘，停电或充电前，必须将变压器中性点直接接地。变压器充电后的中性点接地方式应按正常运行方式考虑。变压器中性点保护要根据其接地方式做相应的改变。

5）变压器的并列运行。变压器理想的并联运行情况是：空负荷时，各变压器仍与空载一样，只有空载电流，没有环流；带负荷后各变压器能按其容量比例分配负荷，应满足如下要求：

a. 两台变压器变比相等，且一、二次电压分别相等；

b. 两台变压器短路电压标幺值相等，阻抗角相等；

c. 接线组别相同。

不满足以上条件时将在两台变压器之间产生环流，因而一般不能并列运行，特殊情况要经过试验和论证。

（五）继电保护及安全自动装置操作

继电保护及安全自动装置是电力系统的重要组成部分，主要设备有主变压器保护、电力线路保护、电抗器保护、电容器保护等以及备用电源自投、自动重合闸、过电流联切、故障录波器等安全自动装置。依据运行规程的规定，电气设备不允许无保护运行，在设备送电时，应首先投入相应的继电保护或安全自动装置。

投入保护或自动装置的顺序为：先投入直流电源，后投入出口（或功能）压板；停用保护装置的顺序与之相反。切换后交流电压回路的投入，应保持与设备运行母线相一致，并检查电压采样值指示正确。保护装置投跳闸前，必须检查信号指示正常，工作后的保护装置还应在检查装置确无出口动作信息后（或检验出口确无电压）投入。一次设备停电，保护装置及二次回路无工作时，保护装置可不停用，但其启动或跳开其他运行设备的出口压板应解除（停、投现场掌握）。

继电保护装置在运行中需要改变已固化好的成套定值时，由运维人员按 DL/T 969—2005《现场运行规程》规定的方法改变定值，打印（显示）出新定值清单，并与主管调度核对定值。

配置有失灵保护的元件（开关）停电或其保护装置故障、异常、停用，应解除其启动失灵保护的回路或停用该元件（开关）的失灵保护。失灵保护故障、异常、试验，必须停用失灵保护，并解除其启动其他保护的回路（如母差保护、另一套失灵保护）。

继电保护装置动作（跳闸或重合闸）后，运维人员应查看装置动作信息，判断保护或自动装置动作情况，按要求作好记录和复归信号，并将动作情况和测距结果立即向主管调度汇报，然后打印有关报告。发出"装置故障"信号时，也应汇报主管调度，按照调度指令退出装置的运行，也可在特殊情况下按照 DL/T 969—2005《现场运行规程》的规定先行退出保护后，再向调度汇报处理情况。

（六）配电线路及设备操作

（1）装设柱上开关［包括柱上断路器（开关）、柱上负荷开关）的配电线路停电，应先断开柱上开关，后拉开隔离开关（刀闸）。送电操作顺序与此相反。

（2）配电变压器停电，应先拉开低压侧开关（刀闸），后拉开高压侧熔断器。送电操作顺序与此相反。

（3）拉跌落式熔断器、隔离开关（刀闸），应先拉开中相，后拉开两边相。合跌落式熔断器、隔离开关（刀闸）的顺序与此相反。

（4）操作柱上充油断路器（开关）或与柱上充油设备同杆（塔）架设的断路器（开关）时，应防止充油设备爆炸伤人。

（5）更换配电变压器跌落式熔断器熔丝，应拉开低压侧开关

（刀闸）和高压侧隔离开关（刀闸）或跌落式熔断器。摘挂跌落式熔断器的熔管，应使用绝缘棒，并派人监护。

（6）就地使用遥控器操作断路器（开关），遥控器的编码应与断路器（开关）编号唯一对应。操作前，应核对现场设备双重名称。

（七）低压电气操作

（1）操作人员接触低压金属配电箱（表箱）前应先验电。

（2）有总断路器（开关）和分路断路器（开关）的回路停电，应先断开分路断路器（开关），后断开总断路器（开关）。送电操作顺序与此相反。

（3）有刀开关和熔断器的回路停电，应先拉开刀开关，后取下熔断器。送电操作顺序与此相反。

（4）有断路器（开关）和插拔式熔断器的回路停电，应先断开断路器（开关），并在负荷侧逐相验明确无电压后，方可取下熔断器。

五、典型倒闸操作基本规范

变电站典型倒闸操作主要有：电力线路由运行转检修、主变压器由运行转检修，以及线路、变压器由检修转运行的操作；倒换母线的操作、母线电压互感器转检修（运行）的操作；……现以线路停送电、主变压器停送电、倒换母线操作为例，对倒闸操作步骤及规范进行应用说明。

（一）单线路倒闸操作基本规范应用（见表 2-1）

表 2-1　　　　　　　　　单线路倒闸操作基本规范应用

典型操作步骤	操作规范释义
110kV××线由运行转检修	
将××线××开关"远方/就地"操作方式选择开关切至"就地"位置	停电设备只有一组操作人员实施操作；同时防止在现场操作时，造成远方（遥控）误操作开关
拉开××线××开关	开关具有灭弧能力，用于断开线路负荷电流或空载电流

38

典型操作步骤	操作规范释义
拉开××线××-3刀闸（负荷侧刀闸）	先分线路侧刀闸，后分母线侧刀闸，即使断路器（开关）未断开时，误拉线路侧刀闸，可能由设备本身开关跳闸而消除，不能导致母线停电
拉开××线××-1刀闸（电源侧刀闸）	
在××线××-1刀闸开关侧验明确无电压	在开关侧实施接地操作前，验明接地位置确无电压，防止发生带电挂接地线（或合接地刀闸）
合上××线××-D1接地刀闸	实施设备接地。释放剩余电荷、防止突然来电、消除感应电压
合上××线××-D2接地刀闸	
在××线××-3刀闸线路侧验明确无电压	在线路侧实施接地操作前，验明接地位置确无电压，防止发生带电挂接地线（或合接地刀闸）
合上××线××-D3接地刀闸	实施设备接地。释放剩余电荷、防止突然来电、消除感应电压
拉开110kV××线线路电压互感器（TV）二次电压空开	防止TV二次侧向TV高压侧及线路上反送电
拉开××线××开关控制电源空气开关	防止人员误操作开关，影响检修工作或人身安全
拉开××线××开关操作电源空气开关	断开开关操作电源，防止发生机械伤害

110kV××线由检修转运行

典型操作步骤	操作规范释义
拉开××线××-D1接地刀闸	设备送电前，检查送电范围内全部接地线已拆除（接地刀闸已拉开），防止发生带接地线（接地刀闸）送电
拉开××线××-D2接地刀闸	
拉开××线××-D3接地刀闸	
合上××线××开关控制电源空气开关	对测控装置及相关二次回路送电
合上××线××开关操作电源空气开关	送上开关操作电源
合上110kV××线线路TV二次电压空气开关	检验线路带电情况，送电后为自动装置等采集线路电压
投入××线××开关保护	在一次设备操作前投入保护装置，为一次设备操作提供保护

典型操作步骤	操作规范释义
合上××线××－1刀闸	线路送电时，在合断路器（开关）之前，先合母线侧刀闸，后合线路侧刀闸。即使断路器（开关）实际上未在断开位置时，用刀闸充电造成的事故可能由本身开关跳闸而消除
合上××线××－3刀闸	
合上××线××开关	能够承载负荷电流或空载电流的灭弧能力

（二）主变压器倒闸操作基本规范应用（见表2－2）

表2－2　　　　　　　主变压器倒闸操作基本规范应用

典型操作步骤	操作规范释义
×号主变压器由运行转检修	
改变主变压器中性点接地刀闸运行状态	为防止变压器三相不同期或非全相投入产生过电压影响变压器绝缘，停电或充电前，将变压器中性点直接接地。间隙、过电流保护配合投停
合上×号主变压器中性点接地刀闸（全部）	
合上××kV××母联（或分段）开关（并列或合环）	将待停母线与其他运行母线并列（合环），防止因主变压器停电造成母线失压
拉开×号主变压器××开关（低压侧）	1）开关具有灭弧能力，用于断开线路负荷电流或空载电流。 2）一般采用先低压侧解列，后高压侧停电的原则实施操作，避免高压侧停电造成的低压侧"反送电"现象
拉开×号主变压器××开关（中压侧）	
拉开×号主变压器××开关（高压侧）	
拉开×号主变压器××－3刀闸（低压侧）	1）先分主变压器侧刀闸，后分母线侧刀闸，即使断路器（开关）未断开时，误拉主变压器侧刀闸，可能由本身开关跳闸而消除，不能导致母线停电。 2）依据先低压侧、后高压侧的原则，以此拉开刀闸（也可在本侧开关分闸后，即时进行开关两侧刀闸的操作）
拉开×号主变压器××－1刀闸（低压侧）	
拉开×号主变压器××－3刀闸（中压侧）	
拉开×号主变压器××－1刀闸（中压侧）	
拉开×号主变压器××－3刀闸（高压侧）	
拉开×号主变压器××－1刀闸（高压侧）	

典型操作步骤	操作规范释义
在×号主变压器××-3刀闸变压器侧验明确无电压（低压侧）	在变压器开关侧实施接地操作前,验明接地位置确无电压,防止发生带电挂接地线（或合接地刀闸）
合上×号主变压器××-D3接地刀闸（低压侧）	实施设备接地。释放剩余电荷、防止突然来电、消除感应电压
在×号主变压器××-3刀闸变压器侧验明确无电压（中压侧）	在变压器侧实施接地操作前,验明接地位置确无电压,防止发生带电挂接地线（或合接地刀闸）
合上×号主变压器××-D3接地刀闸（中压侧）	实施设备接地。释放剩余电荷、防止突然来电、消除感应电压
在×号主变压器××-3刀闸变压器侧验明确无电压（高压侧）	在变压器侧实施接地操作前,验明接地位置确无电压,防止发生带电挂接地线（或合接地刀闸）
合上×号主变压器××-D3接地刀闸（高压侧）	实施设备接地。释放剩余电荷、防止突然来电、消除感应电压
拉开×号主变压器××开关控制电源空气开关	防止人员误操作开关,影响检修工作或人身安全
拉开×号主变压器××开关操作电源空气开关	断开开关操作电源,防止发生机械伤害
拉开×号主变冷却器电源开关	断开冷却器电源,防止检修中设备误动作
退出×号主变保护动作母联（分段）开关分闸压板	防止因检修造成运行开关误跳闸
×号主变压器由检修转运行	
拉开×号主变压器××-D3接地刀闸（低压侧）	1）设备送电前,检查送电范围内全部接地线已拆除（接地刀闸已拉开）,防止发生带接地线（接地刀闸）送电。 2）依次拉开全部接地刀闸（或接地线）
拉开×号主变压器××-D3接地刀闸（中压侧）	
拉开×号主变压器××-D3接地刀闸（高压侧）	

典型操作步骤	操作规范释义
合上×号主变压器××开关控制电源空气开关	对测控装置及相关二次回路送电
合上×号主变压器××开关操作电源空气开关	送上开关操作电源
合上×号主变压器冷却器电源开关	投入冷却器电源,随主变压器开关合闸自启动
合上×号主变压器中性点接地刀闸(全部)	满足系统接地方式的要求,配合投入接地过电流保护,保持与接地方式相对应
投入×号主变压器保护	在一次设备操作前投入保护装置,为一次设备操作提供保护(按保护记录及要求投入)
合上×号主变压器××-1刀闸(高压侧)	1)主变压器送电时,在合断路器(开关)之前,先合母线侧刀闸,后合主变压器侧刀闸。即使断路器(开关)实际上未在断开位置时,用刀闸充电造成的事故可能由本身开关跳闸而消除。 2)按照先母线、后主变压器侧的顺序,依次合上高、中、低压侧刀闸
合上×号主变压器××-3刀闸(高压侧)	
合上×号主变压器中压侧刀闸	
合上×号主变压器低压侧刀闸	
合上×号主变压器××开关(高压侧)	能够承载负荷电流或空载电流的灭弧能力
合上×号主变压器××开关(中压侧)	
合上×号主变压器××开关(低压侧)	
改变主变压器中性点接地刀闸运行状态	依据系统接地方式要求,改变主变压器中性点的接地方式,相应投入或退出间隙、过电流保护,保持与接地运行方式相对应

（三）母线倒换操作（俗称：倒排）基本规范应用（见表 2–3）

表 2–3 母线倒换操作基本规范应用

典型操作步骤	操作规范释义
110kV 1 号母线负荷倒至 2 号母线运行，1 号母线由运行转检修	
合上××kV 母联××开关	1）在母线倒排过程中，母联开关的操作电源应拉开，防止母联断路器（开关）误跳闸，造成带负荷拉刀闸事故。 2）2 号母线若为备用状态，母联开关合闸前，应投入母联充电保护
合上××线××–2 刀闸	检查相应电压切换继电器正确动作，防止通过电压切换回路向停电母线反充电
拉开××线××–1 刀闸	
……	依次将运行在 1 号母线上的所有元件全部倒换至 2 号母线
拉开××kV 母联××开关	开关具有灭弧能力，用于断开线路负荷电流或空载电流
拉开××kV 母联××–1 刀闸	先分停电侧刀闸，后分带电侧刀闸，即使断器（开关）未断开时，误拉停电侧刀闸，可能由设备本身开关跳闸而消除，不能导致母线停电
拉开××kV 母联××–2 刀闸	
拉开××kV 1 号母线 TV 二次电压空气开关	防止通过二次回路向电压互感器反充电（包括保护用、计量用回路开关）
拉开××kV 1 号母线 TV–1 刀闸	与 1 号母线有明显的断开点
在××kV 1 号母线上验明确无电压	验明接地位置确无电压，防止发生带电挂接地线（或合接地刀闸）
合上××kV 1 号母线××接地刀闸	实施设备接地。释放剩余电荷、防止突然来电、消除感应电压

📋 第二节　倒闸操作票

倒闸操作必须填写倒闸操作票，执行倒闸操作监护复诵制度（其他允许的操作方式例外）。倒闸操作应根据值班调控人员或运维负责人的指令执行。下列操作项目应填入操作票：

（1）应拉合的设备［断路器（开关）、隔离开关（刀闸）、接地刀闸等］，验电，装拆接地线，合上（安装）或断开（拆除）控制回路或电压互感器回路的空气开关、熔断器，切换保护回路和自动化装置及检验是否确无电压等。

（2）拉合设备［断路器（开关）、隔离开关（刀闸）、接地刀闸等］后检查设备的位置。

（3）进行停、送电操作时，在拉合隔离开关（刀闸）、手车式开关拉出、推入前，检查断路器（开关）确在分闸位置。

（4）在进行倒负荷或解、并列操作前后，检查相关电源运行及负荷分配情况。

（5）设备检修后合闸送电前，检查送电范围内接地刀闸已拉开，接地线已拆除。

（6）高压直流输电系统启停、功率变化及状态转换、控制方式改变、主控站转换，控制、保护系统投退，换流变压器冷却器切换及分接头手动调节。

（7）阀冷却、阀厅消防和空调系统的投退、方式变化等操作。

（8）直流输电控制系统对断路器（开关）进行的锁定操作。

一、倒闸操作票的填写

倒闸操作票的填写见表 2-4。

表 2－4　　　　　　　　　　　　倒闸操作票的填写

项目	填写规范	注意事项
单位	填写倒闸操作的变电站（包括开关站、配电室）名称。如：500kV ××变电站	
编号	宜按单位或班组（队、站）统一编号，末端编号可按照年（两位）+月（两位）+流水号（三位）的顺序组成，按顺序依次使用。计算机生成的操作票要在正式出票前连续编号	
时间	【发令时间】：填写值班调控人员或运维负责人下达的操作指令时间（首页票面）。 【操作开始时间】：填写操作人员开始实施操作时间（包括模拟操作时间；首页票面）。 【操作结束时间】：填写全部操作完毕并复查结束后的时间（末页票面）	为填用方便或醒目，宜用红色笔
有关人员	【发令人】：填写发出操作指令的调控人员或运维负责人（首页票面）。 【受令人】：填写接受操作任务（指令）的人员（首页票面）。 【操作人】：填写执行该操作票的操作人员（末页票面）。 【监护人】：填写对该操作实施监护的人员（末页票面）。 【运维负责人】：填写当值值班运维负责人（末页票面）	黑色签字笔或圆珠笔填写
操作任务	◆ 设备的停送电操作任务可使用"运行、热备用、冷备用、检修"状态的互为转换，或者通过操作达到某种状态。 ◆ 一份操作票只能填写一个操作任务。一个操作任务填写多张操作票时，在首张及以后各张的备注栏内右上角填：接下页№××；在第二张及以后操作任务栏左上角填写：承上页№××（或采用当前页和总页数的编号方式，如：1/4、2/4、3/4、4/4）。操作任务应填写设备双重名称（即设备名称和编号）	常用操作任务见附录A
操作项目	【应拉合的断路器（开关）、隔离开关（刀闸）、接地刀闸和熔断器等】：填写应拉（合）的开关、刀闸、接地刀闸等［如：拉开（合上）济南线211开关］	操作设备均填用设备双重名称。操作术语见附录B
	【验电】： ◆ 填写采用直接接触式验电方法的验电操作项目（直接验电）。 ◆ 对通过设备的机械指示位置、电气指示、带电显示装置、仪表及各种遥测、遥信等信号变化实施的间接验电，操作项目应逐项填写并注明"（间接验电）"	
	【装、拆接地线】：填写所装、拆的接地线操作项目，并注明接地线的确切地点和编号；拆除接地线（或拉开接地刀闸）后，填写检查接地线（或接地刀闸）确已拆除（或拉开）操作项	

项目	填写规范	注意事项
操作项目	【合上（装上）或断开（拆除）控制回路或电压互感器回路的空气开关、熔断器；装上或取下手车开关二次连接线插头】： ◆ 开关本体或操动机构及回路上的工作，在拉开开关后停用合闸电源，拉开刀闸后取下（拉开）该开关控制回路、信号回路熔断器（空气开关），拉开相关刀闸的操作电源（与其他回路共用电源除外）。 ◆ 合上刀闸前，装上（合上）该回路开关的控制回路、信号回路熔断器（空气开关），合上刀闸操作电源；开关合闸前，合上（装上）开关合闸电源（空气开关、熔断器）。 ◆ 手车开关停电无工作，手车开关拉至"试验"位置；设备送电前，检查手车开关已推至"试验"位置，手车开关柜二次连接线插头已装好。 手车开关停电检修的工作，手车开关拉至"试验"位置，取下手车开关柜二次连接线插头，将手车开关拉至检修位置。设备送电前，将手车开关推至"试验"位置，装上手车开关柜二次连接线插头，将手车开关推至"工作"位置。 ◆ 刀闸就地操作前，将刀闸和该回路开关的操作方式（"远方–就地"）选择开关切至"就地"位置；操作结束后，选择开关按运行方式要求切至相应位置。 ◆ 等电位刀闸操作前，取下合环开关的控制熔断器。 ◆ 线路停电开关无工作，可不停用控制、合闸回路电源。 ◆ 线路侧实施接地操作前，取下该线路侧电压互感器的二次熔断器或拉开二次空气开关（装有带电显示闭锁装置的，应先实施地操作后，再拉开电压互感器二次空气开关）。 ◆ 开关合闸前，装上该线路侧电压互感器的二次熔断器或合上二次空气开关。 ◆ 母线停电后，停用该母线电压互感器；母线送电前，先投入该母线电压互感器（有产生谐振现象及自动切换装置不满足者除外）。 ◆ 站用变压器、电压互感器一次侧装设（合上）接地线（接地刀闸）前，应取下二次熔断器或拉开二次空气开关	操作设备均填用设备双重名称。操作术语见附录B
	【切换保护回路和自动化装置，切换开关、刀闸控制方式，检验是否确无电压等】： ◆ 开关合闸前，按照调度指令及运行规程规定将送电设备的保护装置投入； ◆ 投入或停用安全自动装置； ◆ 配合开关、刀闸远方、就地操作，将切换开关切至"远方/就地"位置； ◆ 切换保护回路端子（压板）或投入、停用保护装置； ◆ 检验保护回路、自动装置出口端确无电压指示	

项目	填写规范	注意事项
操作项目	【拉合设备后检查设备的位置】： ◆ 开关、刀闸、接地刀闸操作后，填写逐相检查其确在操作后状态的操作项目。 ◆ 对通过电气指示或遥测（电压、电流、带电显示器装置等）、遥信（机械位置、二次回路电气指示、监控系统图示或开关量状态变化等）等信息变化实施的间接位置判断，逐项填写操作项目；对应发生变化的间接位置判断操作，则在操作前检查初始状态，操作后检查改变后状态，操作项目均不少于 2 项	操作设备均填用设备双重名称。操作术语见附录 B
	【进行停送电操作时，在拉合刀闸或拉出、推入手车开关前，检查开关确在分闸位置】：合闸送电前，检查与送电设备有关的开关和刀闸确在分闸位置	
	【在进行倒负荷或解、并列操作前后，检查相关电源运行及负荷分配情况】：在进行倒负荷或解、并列操作前后，检查相关电源运行及负荷分配情况	
	【设备检修后合闸送电前，检查送电范围内接地刀闸已拉开，接地线已拆除】：合闸送电前，检查与送电设备有关的开关和刀闸确在分闸位置，检查送电范围内接地刀闸已拉开，接地线已拆除	
	【标注终止符号】：操作票按倒闸操作顺序依次填写完毕后，在最后一项操作项目的下一空格中间位置记上终止号"乚"	

二、倒闸操作票的执行

（一）执行程序

倒闸操作票的执行程序见表 2－5。

表 2－5 　　　　　　　　倒闸操作票的执行程序

↘ 第 1 步 接受操作 预告	值班调控人员于发布指令前填写操作指令票，并将操作步骤预告变电运维人员。接受操作预告，应明确操作目的、操作任务、停电范围、计划时间、安全措施及被操作设备的状态，同时记入值班记录簿，并向发令人复诵一遍，得到其同意后生效。通过调度信息系统传达的操作预告，经双方校核内容一致后，视为操作预告已送达
↘ 第 2 步 填写操作票	◆ 运维负责人根据操作预告，向操作人和监护人布置操作任务，由操作人员对照电气接线图，填写操作票或计算机开出操作票。 ◆ 操作票填写完成，监护人、操作人检查无误后，分别在签名处签名；经运维负责人（或现场运维负责人）审核正确后签名

↘ 第3步发布和接受调度指令	◆ 设备操作应有值班调控人员或运维负责人发布的正式操作指令。 ☞ 发令前，发令人和受令人互报单位和姓名。 ☞ 按照核对正确已经预告的操作指令票，使用规范调度术语发布指令，受令人复诵操作指令，并得到发令人"正确、执行"的确认后执行。若对指令存有疑问时，应向发令人询问清楚无误后执行。 ☞ 发布指令和接受指令的全过程都要录音，并做好记录
↘ 第4步核对性模拟操作	◆ 开启并携带录音设备。 ☞ 填写操作票发令人、受令人以及发令时间、操作开始时间。 ☞ 实施操作前模拟操作，监护人根据操作票中所列项目，逐项发布操作指令（检查项目和模拟盘没有的保护装置等除外），操作人听到指令并复诵后更改模拟系统图或电子接线图，核对操作项目正确
↘ 第5步现场操作	◆ 监护人手持操作票与操作人一起前往被操作设备位置。核对系统方式、设备名称、位置、编号及实际运行状态与操作票要求一致后，操作人在监护人监护下，做好操作准备。 ◆ 操作人和监护人面向被操作设备的名称编号牌，由监护人按照操作票的顺序逐项高声唱票。操作人应注视设备名称编号，按所唱内容独立地、并用手指点这一步操作应动部件后，高声复诵。监护人确认操作人手指部位正确，复诵无误后，发出"正确、执行"的操作指令，并将操作钥匙交给操作人实施操作。 ◆ 监护人在操作人完成操作并确认无误后，在该操作项目后打"√"。 ◆ 对于检查项目，监护人唱票后，操作人应认真检查，确认无误后再复诵；监护人同时也进行检查，确认无误并听到操作人复诵，在该项目后打"√"。严禁操作项目与检查项一并打"√"。 ◆ 在微机监控屏上执行倒闸操作，操作人、监护人分别输入个人操作密码，共同核对鼠标点击处的设备名称、编号正确，监护人听取复诵无误并确认后，发出"正确，执行"的操作指令，操作人实施操作。 在微机监控屏上的任何操作，不准单人操作，不准使用他人的操作密码
↘ 第6步操作复核	◆ 全部操作项目完成后，操作人员复查被操作设备的状态、表计及信号指示等是否正常、有无漏项等
↘ 第7步完成汇报	◆ 操作结束并汇报： ☞ 完成全部操作项目后，监护人在操作票上加盖"已执行"章，并在操作票上记录操作结束时间。 ☞ 现场运维负责人确认现场操作已完成，向值班调控人员汇报。 ☞ 填写相关记录

（二）流程图

倒闸操作票的操作流程见图2-1。

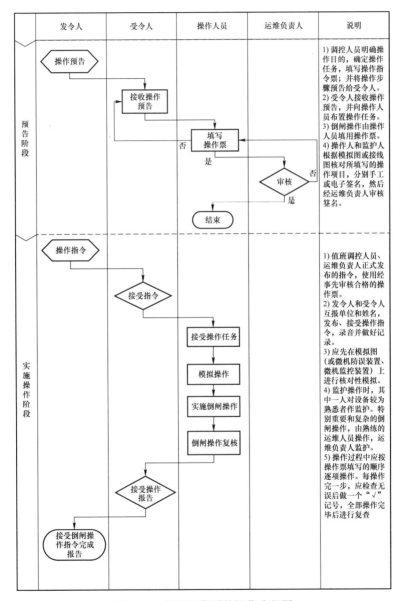

图 2-1 倒闸操作票的操作流程图

第三节 顺序控制操作

顺序控制系指发出整批指令，由系统根据设备状态信息变化情况判断每步操作是否到位，确认到位后自动执行下一指令，直至执行完所有指令。在指令执行的形式上，即将单线路停送电、旁路带、倒母线等成组的操作在操作员站上预先选择、组合，经校验正确后，按要求设定步骤顺序自动执行。

一、顺序控制系统应满足的基本条件

（1）顺序控制分为间隔内操作和跨间隔操作两类，其操作范围包括一次设备［包括主变压器、母线、断路器（开关）等］运行状态之间的转换和保护装置定值区切换、软压板投停。

（2）顺序控制应使用顺控操作票，顺控操作票按照倒闸操作规范定义，票面格式为规定的固定格式。

1）顺控操作票应根据变电站接线方式、智能设备现状和技术条件编制；

2）顺控操作票应经过现场试验，验证正确后方可使用；

3）顺控操作任务和顺控操作票，应经过安监部、运维检修部、调控中心审核，单位分管生产领导（总工程师）审批；

4）变电站改（扩）建、设备变更、设备名称改变时应及时修改顺控操作票，重新验证并履行审批手续；

5）顺控操作票的调用、确认，应设置为双人模式（监护人、操作人分别输入密码确认）。

（3）汇控柜、测控装置等远方/就地操作把手在"远控"位置，一次设备闭锁方式应在"联锁"状态，继电保护、合并单元、智能终端遥控压板在投入状态。

（4）在顺控操作过程中系统发出"事故总信号""保护动作"等主要事故信号，系统应自动终止程序操作。

（5）具备防止电气误操作功能［防误拉合开关（可提示性）、防带负荷拉刀闸、防带电合接地刀闸、防带接地刀闸合闸］。

（6）具备模拟预演检验功能。

（7）具备操作受阻（如控制设备异常、设备状态未变位、通信异常等）自动告警及中断操作功能。

（8）具备顺控操作"急停"（或暂停）功能。

二、控制操作对象及要求

满足程序操作技术条件（如防止电气误操作、设备状态位置判断等）的设备。

（1）单元间隔开关、刀闸、接地刀闸，且以上设备均具备电动操作功能；

（2）继电保护及安全自动装置定值区、软压板，均设置在监控系统间隔图中；

（3）其他顺序控制设备。

三、顺序控制操作模式与流程

（1）单元间隔顺序控制操作流程。

1）顺序控制操作前核对设备运行状态正确；

2）进入待操作单元间隔的间隔图；

3）选择顺序控制操作票（或通过选择目标状态自动调取顺序控制操作票）；

4）人工核对顺序控制操作票；

5）预演顺序控制操作票；

6）输入操作、监护人姓名；

7）执行顺序控制操作票。

（2）多间隔组合（如倒母线）顺序控制操作流程。

1）人工选择需要组合的顺序控制操作票；

2）人工定义顺序控制操作票号；

3）人工确认预演顺序控制操作票；

4）人工确认顺序控制操作票；

5）人工输入操作、监护人姓名；

6）人工确认执行顺序控制操作；

7）执行顺序控制操作。

四、操作制度及注意事项

（1）顺序控制操作应填写操作票，严格执行监护复诵制度。顺序控制操作前，应从顺序系统调出顺序控制操作票，核对操作设备（开关、刀闸）名称及编号、分合位置或拉合方式，确认当前运行方式，无影响操作的异常信号，避免误控设备。

（2）实施顺序控制操作，顺序控制操作票的调用、确认，应设置为双人模式（监护人、操作人分别输入密码确认），操作过程中，操作人员应始终密切注意观察操作执行进程以及各项告警信息，不准进行与程序操作无关的工作。一组操作人员不能同时执行多项操作任务。

同一受控站的几个操作任务，应按调控操作指令确定操作任务的操作顺序并依次操作，不能将几个操作任务一并完成（不相关联的电气连接部分除外）。程序操作执行中，禁止操作任务范围内涉及设备的任何操作。

需间断"确认"后再执行的操作，应在顺序控制程序中设置操作间断点。继续操作，要由操作人、监护人对前项操作项目状态确认后，再继续程序操作。因故中断后转为常规操作，要依据调控指令和当前运行方式等，填写新的操作票后再继续操作。

（3）顺序控制操作完成后，应通过后台监控及设备在线监测可视化界面对一、二次设备操作结果正确性进行核对。在顺序控制操作试点阶段应执行以下规定：顺序控制操作结束后，应立即现场检查一次设备的变位是否正确，继电保护及自动装置（二次设备）指示、信号是否正确，检查电源空气开关的投切是否正确等。

（4）顺序控制操作故障及异常处理。

1）顺序控制操作过程中，如果出现操作中断，运行人员应立即停止顺序控制操作，检查操作中断的原因，并应做好操作记录并注明中断原因。顺序控制操作中断后，待处理正常后方能继续进行。

2）顺序控制操作中断若因变电一、二次设备异常原因造成，则应立即汇报调度，或根据相关异常处理规定进行处理。待处理正常后方能继续进行。

3）顺序控制操作中断若因顺序控制操作系统异常原因造成，如果无法排除故障，则需转为常规操作。应根据调度命令按常规操作要求重新填写操作票。并对已完成顺序控制操作的设备位置检查应写入常规倒闸操作票中作为检查项。

（5）新改（扩）建工程，在验收阶段要对变电站接线方式、顺序控制操作票操作术语、操作逻辑等进行检验，查看是否符合电气操作技术标准，实施顺序控制操作查看设备动作的正确定。对于无法按照规程要求实现的操作项目，原则上要增设"人工干预项"。顺序控制操作验收一般不准采用抽验方式，应全部验收。

（6）经顺序控制测试完成的间隔设备，不能擅自向顺序控制模块添加新的顺序控制操作票或操作项目，或对原顺序控制操作票进行修改。在设备名称、接线方式变化确需修改顺控顺序或操作票时，应履行批准手续并采取相关措施后进行（需要厂家技术人员协助的，应执行相关工作票制度）；修改后的顺序控制操作票应进行测试，正确后方能投入使用。

（7）软压板应设置在变电站或调度主站端监控系统间隔图中，界面应清晰、友好、便于操作；软压板按功能、GOOSE、SV 等类型分区设置，软压板排列顺序与名称应与装置菜单中一致；功能软压板、GOOSE 出口软压板应分别用不同颜色标示，以示区分；还要明确软压板与硬压板之间的逻辑关系，在变电站现场运行规程中予以明确；禁止运行人员操作 SV 压板，禁止在顺序控制操作票中投退 SV 压板，监控后台设置 SV 压板时应注明"运行人员禁止操作"标示。

（8）发生下列情况，不准执行顺序控制操作：

1）顺序控制系统处调试、异常运行状态，或一体化监控系统故障时；

2）现场设备不具备顺序控制条件或未得到调度（或运行值班负责人）指令；

3）通信（网络）系统异常；

4）当前运行方式下或设备接线情况变更后无相对应的经审核与验收的顺序控制操作票；

5）顺序控制操作有关的断路器（开关）、隔离开关（刀闸）存在影响倒闸操作的故障、异常信号时；

6）事故处理时。

第三章

工 作 票

　　变、配电站电气接线，是由一个或几个电气连接部分共同组成的整体。基于电气设备检修、试验或故障处理等工作需要，一个或几个电气连接部分将从整体接线中被隔离出来，并施行停电的安全组织措施和技术措施。工作票，既是集工作单位、工作任务、安全措施及工作许可、工作监护、工作终结手续于一体的书面形式，也是电力生产活动中的一种电力专用文书。它不仅是办理工作许可、终结的书面依据，也是实施工作班任务分工、实施人员及任务管理、履行安全职责、确保工作任务有序进行的作业指导书，同时也是保证工作安全的组织措施和技术措施的载体。其种类可以分为第一种、第二种工作票，以工作设备的不同可分类为变电、线路和配电工作票。

📋 第一节　电气设备检修

　　电气设备主要有电力线路、变压器、高压断路器（开关）、隔离开关（刀闸）、电压互感器、电流互感器、继电保护装置及安全自动装置、电力电容器、配电柜（箱）等。为保持或恢复设备的运行性能，依据设备技术标准以及运行状况，开展设备的定期检修（如大修、小修、运行维护）、预防性试验或状态检修；或在非计划情况下，以尽快恢复设备运行为目的事故抢修。

一、主要电气设备及其检修

（一）电力线路

架空电力线路由杆塔、导线、绝缘子、防振锤、避雷线及金具等主要器件构成。按其功能分为输电线路和配电线路；按其电压等级分为高压线路（特高压线路、超高压线路）、低压线路。

线路设备的检修，一般可分为改造、大修、小修和维护工作。改造项目一般是为提高线路输送容量以及安全运行性能，改善劳动条件，而对线路进行改造或拆除的检修工作，如更换为大截面的导线、增架避雷线、增加绝缘子片数或将普通绝缘子更换为防污型绝缘子，将钢筋混凝土电杆更换为铁塔（钢管塔、角钢架）等。大修项目主要是对运行线路进行修复或使线路保持原有的机械性能或电气性能并延长其使用寿命的检修工程，如更换同型号的导线、绝缘子、金具、金属构件或防腐处理等。其一般维护工作系指除大修、改造工程以外的其他所有为保持线路正常运行所做的常规性工作，如清扫绝缘子的污秽、绝缘子测试、处理线路缺陷等。

（二）变压器

变压器是用来变换交流电压、电流而传输交流电能的电器设备，按其用途可分为电力变压器、试验变压器、仪用变压器及特殊用途的变压器：电力变压器是电力输配电、电力用户配电的必要设备；试验变压器是对电器设备进行耐压（升压）试验的设备；仪用变压器作为电力系统的电气测量、继电保护之用（TV、TA）；特殊用途的变压器有冶炼用电炉变压器、电焊变压器、电解用整流变压器、小型调压变压器等。其结构主要由油箱、铁芯、绕组、储油柜、套管、调压开关等组成。

电力变压器大修一般在投入运行后 5 年内和以后每间隔 10 年大修一次。在判定内部故障、本体严重渗漏油，或在承受出口短路后经综合诊断分析发现异常状况等情况时，可提前进行大修。其大修项目包括：

（1）吊开钟罩检修器身，或吊出器身检修；

（2）绕组、引线及磁（电）屏蔽装置检修；

（3）铁芯、铁芯紧固件（穿心螺杆、夹件、拉带、绑带等）、压钉、压板及接地片的检修；

（4）油箱及套管、吸湿器等附件的检修；

（5）无励磁分接开关和有载分接开关的检修；

（6）器身绝缘干燥处理；

（7）变压器油的处理或换油等；

变压器小修可视变压器运行状态予以安排，一般至少每年安排 1 次。小修项目包括：

（1）处理已发现的缺陷；

（2）检修油位计，调整油位；

（3）检修冷却装置：包括油泵、风扇、油流继电器、差压继电器等，必要时吹扫冷却器管束；

（4）检修测温装置：包括压力式温度计、电阻温度计（绕组温度计）、棒形温度计等；

（5）检修调压装置、测量装置及控制箱，并进行调试；

（6）检查接地系统；

（7）清扫外绝缘和检查导电接头（包括套管将军帽）；

（8）按有关规程规定进行测量和试验等。

（三）高压断路器（开关）

断路器（开关）是高压电气设备中最重要、最复杂的电气设备之一，要求既能切换正常负载，又能排除短路故障，同时承担控制和保护双重任务。对于高压电力系统，要求断路器（开关）在线路发生故障时，能快速切除并能自动重合，保持系统的稳定和安全运行。高压断路器（开关）依据其灭弧介质的不同，主要分类为油断路器（开关）、空气断路器（开关）、SF_6 断路器（开关）。按照运行环境分为户外断路器（开关）、户内断路器（开关）

两种。

断路器（开关）结构主要由开断元件、导体回路、绝缘件、操动机构、传动装置、基座等组成。其大修一般在运行 10 年以上进行 1 次（如无缺陷也可适当延长），小修一般每年进行 1 次；主要检修、试验包括断路器（开关）本体部分和操动机构部分。

其绝缘性能，要求能承受大气过电压和操作过电压，并能长期承受最高工作电压，不致发生断口和对地闪络击穿事故。如工频耐压试验、绝缘电阻试验、泄漏电流试验、介质损耗测量等。

其载流性能，一是长期通过额定工作电流，断路器（开关）各部位的允许温升不超过允许值；二是通过短路电流后，各部位的最高允许温度不超过允许值，能切合故障和非同步开断，断口间不发生闪络和击穿，不产生超过规定的过电压。如回路电阻测量、热稳定试验、动稳定试验等。

其机械性能，要求机械寿命能满足要求，运动特性不发生变化，密封性能良好无渗漏，动稳定性能良好。如机械操作试验、密封防雨试验。

（四）隔离开关（刀闸）

隔离开关（刀闸）是一种没有灭弧装置的开关设备，主要用来断开无负荷电流的电路，隔离电源，在分闸状态时有明显的断开点，以保证其他电气设备的安全检修。在合闸状态时能可靠地通过正常负荷电流及短路故障电流。按相数分类为单相、三相两种，按安装地点有户外、户内两种，按结构有双柱和三柱水平开启、单相垂直伸缩和水平伸缩式等。敞开式隔离开关（刀闸）主要由支持绝缘部分、导电部分、操动机构、传动装置、连锁部分等组成，GIS 设备则还有 SF_6 绝缘气体。

隔离开关主要检修调试包括：

（1）绝缘瓷质部分外表面的清扫、检查，实施防污闪措施，转动部分无机械损伤检查；

（2）导电部分外表面清洁检查，触头结合部位的紧密程度测试、三相同期检测、回路电阻试验等；

（3）操动机构的检修、调整；

（4）恢复接线、接地和标识等。

（五）电压互感器、电流互感器

互感器分为电压互感器和电流互感器，前者主要将高电压变为便于仪表和保护、自动化装置测量和使用的低电压，后者则将大电流转换成仪表和保护、自动化装置可以承受的小电流量值，并将高压电源予以隔离。两者除具有上述功能外，还应保证人身和设备的安全，不致遭受意外危险。主要可分类为干式、油浸式和 SF_6 介质互感器，有电磁式和电容式两种。

其主要试验项目包括：绝缘油（气体）性能试验，密封性试验，一次绕组短时工频耐压试验、局部放电试验、误差试验、介损试验，以及外部绝缘部分的防污及检修等。

（六）继电保护装置及安全自动装置

当电力系统中的电力元件（如发电机、线路等）或电力系统本身故障危及电力系统安全或稳定运行时，能够采集、分析、处理故障信息，向所控制的断路器（开关）发出跳闸命令以终止上述现象发展，并能及时发出警告信号的自动化设备。其结构主要由测量部分（含定值调整部分）、逻辑部分、执行部分组成，其性能应满足可靠性、选择性、灵敏性和速动性的要求。

新安装装置应在投运的第一年内进行一次全面检验；运行中装置的定期检验，每年进行带断路器（开关）传动试验，每5年进行一次全部检验；补充检验视装置运行状态进行。其主要检修任务也是围绕装置的"四个"特性进行，检验信号回路及设备、回路绝缘试验、装置定值核对、装置输入输出、整组试验、绝缘及耐压试验等项目。

在继电保护、安全自动装置及二次回路上工作，应有经领导批准的定值更改通知单和图纸，按照工作票要求布置完善的现场安全措施，以及防止保护装置可能误动的措施等，方可允许工作。在检修中遇有下列情况，应填用二次工作安全措施票：

a）在运行设备的二次回路上拆、接线工作；

b）在对检修设备执行隔离措施时，需拆断、短接和恢复同运行设备有联系的二次回路工作。

（七）电力电容器

电力电容器可分为电力电容器和电力电容器装置两类，还包括并联电容器、串联电容器、耦合电容器、均压电容器等。目前，电力系统广泛应用的是并联电容器组成的并联补偿装置。是电力系统中重要的无功补偿设备，用以补偿系统的容性无功，提高功率因数，降低系统损耗，支撑系统电压。其结构主要由电容元件、液体介质、箱壳、内部熔丝、放电电阻、引线套管等组成。

电容器的常规检修项目包括：外壳及渗漏油状况检查，绝缘套管的检查、防污清扫，接地装置的检查等。试验项目主要包括：电容测量、损耗角正切值（$\tan\delta$）测量、端子间电压试验、端子与外壳间交流电压试验、对地电阻测量等。

电容器组的检修工作，应在全部停电后进行，首先断开电源，将电容器逐相放电接地后，才能进行工作。对于脱离整组电容器的单台电容器要逐个多次放电。

（八）电缆线路

电力电缆是用于电能传输和分配的设备。按类别可分为中低压电缆、高压电缆以及直流电缆、交流电缆等。电缆线路主要由电力电缆、终端接头、中间接头及其支撑件组成。电缆的敷设方式主要有电缆沟（隧道）敷设、直接埋入地下敷设、桥架敷设、支架敷设、钢索吊挂敷设等。电力电缆的终端头、中间接头，应保证密封良好，防止受潮，外壳与电缆金属护套及铠装层均应良好接地。常规试验项目主要为绝缘电阻测量、直流耐压试验及泄漏电流测量等。

（九）配电柜（箱）

配电柜（箱）按照电压等级分为高压配电柜（箱）和低压配电柜（箱），按照用途可分为动力配电柜（箱）和照明配电柜（箱），是配电系统的末端设备，一般为各类负荷开关、电缆、互感器、隔离开关（刀闸）、熔断器、计量装置等设备的集合体。日常运行中，配电柜（箱）内各电气元件及线路应操作灵活，各部接触良好、连接可靠，不准存在严重发热、烧损现象。配电柜（箱）的门应完好并处关闭状态。其检修、试验项目，主要是内部各类设备的检修及维护、定期试验及轮换工作。

二、检修工作类型及主要安全技术措施

（一）高压设备上的工作分类

1. 不停电工作

（1）工作本身不需要停电并且不可能触及导电部分的工作。

（2）可在带电设备外壳上或导电部分上进行的工作。

2. 部分停电工作

系指高压设备部分停电，或室内虽全部停电，而通至邻接高压室的门并未全部闭锁。

3. 全部停电工作

系指室内高压设备全部停电（包括架空线路与电缆引入线在内），并且通至邻接高压室的门全部闭锁，以及室外高压设备全部停电（包括架空线路与电缆引入线在内）。

（二）主要安全技术措施

1. 停电

检修设备停电，系指将停电设备各方面的电源完全断开（包括与停电设备有关的变压器和电压互感器，任何运行中的星形接线设备的中性点设备），应拉开隔离开关（刀闸），手车开关拉至试验或检修位置，应使各方面有一个明显的断开点。

（1）变电站工作地点，应停电的设备如下：

1）检修的设备。

2）与作业人员在进行工作中正常活动范围的距离小于表 3-1 规定的设备。

表 3-1 作业人员工作中正常活动范围与设备带电部分的距离

电压等级（kV）	安全距离（m）	电压等级（kV）	安全距离（m）
10 及以下（13.8）	0.35	1000	9.50
20、35	0.60	±50 及以下	1.50
66、110	1.50	±400	6.70[①]
220	3.00	±500	6.80
330	4.00	±660	9.00
500	5.00	±800	10.10
750	8.00[②]		

注　表中未列电压按高一档电压等级的安全距离。

① ±400kV 数据是按海拔 3000m 校正的，海拔 4000m 时安全距离为 6.80m。

② 750kV 数据是按海拔 2000m 校正的，其他等级数据按海拔 1000m 校正。

3）在 35kV 及以下的设备处工作，安全距离虽大于表 3-1 规定距离，但小于表 3-2（设备不停电时的安全距离）规定的距离，同时又无绝缘隔板、安全遮栏措施的设备。

表 3-2 设备不停电时的安全距离

电压等级（kV）	安全距离（m）	电压等级（kV）	安全距离（m）
10 及以下（13.8）	0.70	1000	8.70
20、35	1.00	±50 及以下	1.50
66、110	1.50	±400	5.90
220	3.00	±500	6.00
330	4.00	±660	8.40
500	5.00	±800	9.30
750	7.20		

注　1. 表中未列电压按高一档电压等级的安全距离。

2. ±400kV 数据是按海拔 3000m 校正的，海拔 4000m 时安全距离为 6.00m。

3. 750kV 数据是按海拔 2000m 校正的，其他等级数据按海拔 1000m 校正。

4）带电部分在作业人员后面、两侧、上下，且无可靠安全措施的设备。

5）其他需要停电的设备。

6）与停电设备有关的变压器和电压互感器，应将设备各侧断开，防止向停电检修设备反送电。

7）检修设备和可能来电侧的断路器（开关）、隔离开关（刀闸）应断开控制电源和合闸能源，隔离开关（刀闸）操作把手应锁住，确保不会误送电。

8）作业时，起重机臂架、吊具、辅具、钢丝绳及吊物等与架空输电线及其他带电体的最小安全距离不得小于表 3-3 的规定，且应设专人监护。如小于表 3-3、大于表 3-2 时应制定防止误碰带电设备的安全措施，并经本单位分管生产的领导（总工程师）批准。小于表 3-2 的安全距离时，应停电进行。

表 3-3　　　与架空输电线及其他带电体的最小安全距离

电压（kV）	<1	1~10	35~66	110	220	330	500
最小安全距离（m）	1.5	3.0	4.0	5.0	6.0	7.0	8.5

（2）电力线路的停电作业的安全措施如下：

1）断开发电厂、变电站、换流站、开关站、配电站（所）（包括用户设备）等线路断路器（开关）和隔离开关（刀闸）。

2）断开线路上需要操作的各端（含分支）断路器（开关）、隔离开关（刀闸）和熔断器。

3）断开危及线路停电作业，且不能采取相应安全措施的交叉跨越、平行和同杆架设线路（包括用户线路）的断路器（开关）、隔离开关（刀闸）和熔断器。

4）断开可能反送电的低压电源的断路器（开关）、隔离开关（刀闸）和熔断器。

停电设备的各端，应有明显的断开点，若无法观察到停电设备的断开点，应有能够反映设备运行状态的电气和机械等指示。

作业时，起重机臂架、吊具、辅具、钢丝绳及吊物等与架空输电线及其他带电体的最小安全距离不准小于表 3-3 的规定，且在作业过程中应设专人监护。

（3）配电工作地点应停电的线路和设备如下：

1）检修的配电线路或设备。

2）与检修配电线路、设备相邻且安全距离小于表 3-4 规定的运行线路或设备。

3）大于表 3-4 距离规定、但小于表 3-5 规定且无绝缘遮蔽或安全遮栏措施的设备。

表 3-4　　作业人员工作中正常活动范围与高压线路、
　　　　　设备带电部分的安全距离

电压等级（kV）	安全距离（m）
10 及以下	0.35
20、35	0.60

表 3-5　　　　高压线路、设备不停电时的安全距离

电压等级（kV）	安全距离（m）	电压等级（kV）	安全距离（m）
10 及以下（13.8）	0.70	1000	9.50
20、35	1.00	±50 及以下	1.50
66、110	1.50	±400	7.20
220	3.00	±500	6.80
330	4.00	±660	9.00
500	5.00	±800	10.10
750	8.00		

注　1. 表中未列电压按高一档电压等级的安全距离。

　　2. 750kV 数据按海拔 2000m 校正，±400kV 数据按海拔 5300m 校正的，其他电压
　　　等级数据按海拔 1000m 校正。

4）危及线路停电作业安全，且不能采取相应安全措施的交叉跨越、平行或同杆（塔）架设线路。

5）有可能从低压侧向高压侧反送电的设备。

6）工作地段内有可能反送电的各分支线（包括用户）。

7）其他需要停电的线路或设备。

8）两台及以上配电变压器低压侧共用一个接地引下线时，其中任一台配电变压器停电检修，其他配电变压器也应停电。

9）高压开关柜前后间隔没有可靠隔离的，工作时应同时停电。电气设备直接连接在母线或引线上的，设备检修时应将母线或引线停电。

10）低压配电线路和设备检修，应断开所有可能来电的电源（包括解开电源侧和用户侧连接线），对工作中有可能触碰的相邻带电线路、设备应采取停电或绝缘遮蔽措施。

2．验电

设备验电，系指使用相应电压等级而且合格的接触式验电器，在装设接地线或合接地刀闸（装置）处对各相分别验电（验电前，应先在有电设备上进行试验，确证验电器良好）。高压验电应戴绝缘手套，验电器的伸缩式绝缘棒长度应拉足，验电时手应握在手柄处不得超过护环，人体应与验电设备保持《安规》"设备不停电时安全距离"中规定的距离。雨雪、浓雾天气时不得进行室外直接验电。

表示设备断开和允许进入间隔的信号、经常接入的电压表等，如果指示有电，在排除异常情况前，禁止在设备上工作。

对于同杆塔架设多层电力线路的验电，应先验低压、后验高压，先验下层、后验上层，先验近侧、后验远侧。禁止作业人员越过未经验电、接地的线路对上层、远侧线路验电。

检修线路上联络用的断路器（开关）、隔离开关（刀闸），应在两侧验电。低压配电线路和设备停电后，检修或装表接电前，应在与停电检修部位或表计电气上直接相连的可验电部位验电。

采用"复核性"验电方式，系指检修人员使用自备高压验电器在接触停电设备实施作业前的"核对性"验电，是对设备是否已停电并可靠接地的检验，尤其是在接入用户电源（光伏、风电、并网电厂、拉手线路、环网柜、分接箱、柱上开关等）可能存在反送电、GIS 等封闭式设备看不到接地的情况下，实施"复核性"验电将是保证作业人员人身安全的一种有效手段。

3. 接地

设备接地，系指对于可能送电至停电设备的各方面，在验明设备确已无电压后，立即将检修设备接地并三相短路（装设接地线或合上接地刀闸）。以使装设的接地线对停电设备起到防止突然来电、释放停电设备剩余电荷以及消除感应电压的作用。

（1）变电站接地同时满足以下要求：

1）对于因平行或邻近带电设备导致检修设备可能产生感应电压时，应加装工作接地线或使用个人保安线，加装的接地线应登录在工作票上。

2）在门型构架的线路侧进行停电检修，如工作地点与所装接地线的距离小于 10m，工作地点虽在接地线外侧，也可不另装接地线。

3）检修部分若分为几个在电气上不相连接的部分［如分段母线以隔离开关（刀闸）或断路器（开关）隔开分成几段］，则各段应分别验电接地短路。降压变电站全部停电时，应将各个可能来电侧的部分接地短路，其余部分不必每段都装设接地线或合上接地刀闸（装置）。

4）接地线、接地刀闸与检修设备之间不得连有断路器（开关）或熔断器。若由于设备原因，接地刀闸与检修设备之间连有断路器（开关），在接地刀闸和断路器（开关）合上后，应有保证断路器（开关）不会分闸的措施。

5）所有配电装置的适当地点，均应设有与接地网相连的接地端，接地电阻应合格。接地线应采用三相短路式接地线，若使用分相式接地线时，应设置三相合一的接地端。

6）带接地线拆设备接头时，应采取防止接地线脱落的措施。

（2）电力线路接地同时满足以下要求：

1）应先将该线路可能来电的所有断路器（开关）、线路隔离开关（刀闸）、母线隔离开关（刀闸）全部拉开，手车开关拉至试验或检修位置，验明确无电压后，在线路上所有可能来电的各端装设接地线。

电力线路及变电站线路隔离开关（刀闸）同时检修工作时，不得因该线路隔离开关（刀闸）的检修工作造成电力线路失去接地保护；也不得在未实施接地措施的线路上，开展变电站线路侧隔离开关（刀闸）导线拆（接）线的工作（包括高压开关柜、GIS设备上装拆电缆的工作），防止因失去接地保护造成感应电触电。

2）现场各工作班工作地段各端和工作地段内有可能反送电的各分支线（包括用户）都应接地。直流接地极线路，作业点两端应装设接地线。配合停电的线路可以只在工作地点附近装设一组工作接地线。

3）对于因交叉跨越、平行或邻近带电线路、设备导致检修线路或设备可能产生感应电压时，应加装接地线或使用个人保安线。

4）架空线路与电力电缆分段混接的线路上，从事架空线及电力电缆耐压试验、定相的工作时，应在分界点处有明显点的断开点并可靠接地，防止向架空线路反送电。

（3）分布式电源接入电网接地同时满足以下要求：

1）在有分布式电源接入电网的高压配电线路、设备上停电工作，应断开分布式电源并网点的断路器（开关）、隔离开关（刀闸）或熔断器，并在电网侧接地。

2）在有分布式电源接入的低压配电网上停电工作，至少应采取以下措施之一防止反送电：

a. 接地。

b. 绝缘遮蔽。

c. 在断开点加锁、悬挂标示牌。

4. 悬挂标示牌和装设遮栏

安全标示牌，系指在预设地点（位置）悬挂表达特定安全信息的标志（图形符号、安全色、几何形状、文字说明）。电力生产现场安全标志牌主要有：禁止合闸，有人工作；禁止合闸，线路有人工作；在此工作；止步，高压危险；禁止攀登，高压危险；从此上下；从此进出；禁止分闸。

（1）各类安全标示牌使用方法见表 3－6。

表 3－6　　　　　　　　各类安全标示牌使用方法

名　称	悬　挂　处
禁止合闸，有人工作！	一经合闸即可送电到施工设备的断路器（开关）和隔离开关（刀闸）操作把手上［包括计算机监控屏上断路器（开关）和隔离开关（刀闸）的操作处］
禁止合闸，线路有人工作！	线路断路器（开关）和隔离开关（刀闸）把手上［包括计算机监控屏上断路器（开关）和隔离开关（刀闸）的操作处］
禁止分闸！	接地刀闸与检修设备之间的断路器（开关）操作把手上
在此工作！	工作地点或检修设备上
止步，高压危险！	施工地点临近带电设备的遮栏上；室外工作地点的围栏上；禁止通行的过道上；高压试验地点；室外构架上；工作地点临近带电设备的横梁上
从此上下！	作业人员可以上下的铁架、爬梯上
从此进出！	室外工作地点围栏的出入口处
禁止攀登，高压危险！	高压配电装置构架的爬梯上，变压器、电抗器等设备的爬梯上

（2）变电站安全遮栏装设方法。在室外高压设备上工作，应在工作地点四周装设围栏，其出入口要围至临近道路旁边，并设有"从此进出！"的标示牌。工作地点四周围栏上悬挂适当数量的"止步，高压危险！"标示牌，标示牌应朝向围栏里面。若室

外配电装置的大部分设备停电，只有个别地点保留有带电设备而其他设备无触及带电导体的可能时，可以在带电设备四周装设全封闭围栏，围栏上悬挂适当数量的"止步，高压危险！"标示牌，标示牌应朝向围栏外面。

在室内高压设备上工作，应在工作地点两旁及对面运行设备间隔的遮栏（围栏）上和禁止通行的过道遮栏（围栏）上悬挂"止步，高压危险！"的标示牌。

（3）线路工作地点安全遮栏的装设方法。进行地面配电设备部分停电的工作，对小于表3-7（设备不停电时的安全距离）规定距离以内的未停申设备，应增设临时围栏。临时围栏与带电部分的距离，不准小于表3-8（工作人员工作中正常活动范围与带电设备的安全距离）的规定。临时围栏应装设牢固，并悬挂"止步，高压危险！"的标示牌。

表3-7 设备不停电时的安全距离

电压等级（kV）	安全距离（m）
10 及以下	0.70
20、35	1.00
66、110	1.50

注 表中未列电压应选用高一电压等级的安全距离。

表3-8 工作人员工作中正常活动范围与带电设备的安全距离

电压等级（kV）	安全距离（m）
10 及以下	0.35
20、35	0.60
66、110	1.50

在城区、人口密集区地段或交通道口和通行道路上施工时，

工作场所周围应装设遮栏（围栏），并在相应部位装设标示牌。高压配电设备做耐压试验时应在周围设围栏，围栏上应向外悬挂适当数量的"止步，高压危险！"标示牌。

在一经合闸即可送电到工作地点的断路器（开关）、隔离开关（刀闸）及跌落式熔断器的操作处，均应悬挂"禁止合闸，线路有人工作！"或"禁止合闸，有人工作！"的标示牌。

三、防触电安全技术

（一）预防直接触电安全技术

1. 绝缘

绝缘是用绝缘物把带电体封闭起来。电气设备的绝缘应符合其相应的电压等级、环境条件和使用条件。电气设备的绝缘不得受潮，表面不得有粉尘、纤维或其他污物，不得有裂纹或放电痕迹或脆裂、破损现象。绝缘的电气指标主要是绝缘电阻。

2. 屏护

屏护是采用遮栏、护罩、护盖、箱闸等将带电体同外界隔绝开来。屏护装置应有足够的尺寸。应与带电体保持足够的安全距离：遮栏与低压裸导体的距离不应小于 0.8m；网孔遮栏与裸导体之间的距离，低压设备不宜小于 0.15m，10kV 设备不宜小于 0.35m。屏护装置应安装牢固。金属材料屏护装置应可靠接地。遮栏、栅栏应根据需要悬挂标示牌。遮栏出入口的门上应根据需要安装信号装置和联锁装置。

3. 间距

间距是将可能触及的带电体置于可能触及的范围之外。带电体与地面之间、带电体与树木之间、带电体与其他设施和设备之间、带电体与带电体之间均需保持一定的安全距离。安全距离的大小决定于电压高低、设备类型、环境条件和安装方式等因素。架空线路的间距须考虑气温、风力、覆冰和环境条件的影响。

低压设备，人体及其携带工具与带电体的距离不应小于

0.1m。

高压设备,人体及其携带工具与带电体的距离应满足表3-9规定:

表3-9　高压设备人体及其携带工具与带电体的距离要求

类　别	电压等级（kV）	
	10	35
无遮栏作业,人体及其所携带工具与带电体之间[1]最小距离	0.7	1.0
无遮栏作业,人体及其所携带工具与带电体之间最小距离（用绝缘杆操作）	0.4	0.6
线路作业,人体及其携带工具与带电体之间[2]最小距离	1.0	2.5
带电水冲洗,小型喷嘴与带电体之间最小距离	0.4	0.6
喷灯或气焊火焰与带电体之间[3]最小距离	1.5	3.0

① 不足所列距离时,应装设临时遮栏。

② 不足所列距离时,临近线路应停电。

③ 火焰不应喷向带电体。

在架空线路进行起重作业时,起重机具（起重机臂架、吊具、辅具、钢丝绳,起吊物）与线路导线之间最小距离可参照表3-10数值。

表3-10　起重作业时起重机具与线路导线之间最小距离

线路电压（kV）	≤1	1～10	35	110	220	330	500
最小距离（m）	1.5	3.0	4.0	5.0	6.0	7.0	8.5

（二）预防其他触电安全技术

1. 双重绝缘和加强绝缘

双重绝缘指工作绝缘（基本绝缘）和保护绝缘（辅助绝缘）,前者是带电体与不可触及的导体之间的绝缘,是保证设备正常工作和防止电击的基本绝缘；后者是当工作绝缘损失后用于防止电击的绝缘。加强绝缘是具有上述双重绝缘水平的单一绝缘。

具有双重绝缘的电气设备属于Ⅱ类设备。Ⅱ类设备的电源连接线应按加强绝缘设计。Ⅱ类设备的铭牌上应有"回"形标志。

Ⅱ类设备工作绝缘的绝缘电阻不得低于 2MΩ，保护绝缘的绝缘电阻不得低于 5MΩ，加强绝缘的绝缘电阻不得低于 7MΩ。

2. 安全电压

安全电压是在一定条件下、一定时间内不危及生命安全的电压。具有安全电压的设备属于Ⅲ类设备。

安全电压限值是在任何情况下，任意两导体之间都不得超过的电压值。工频安全电压有效值的限值是 50V，特低电压额定值有 42、36、24、12V 和 6V。特别危险环境使用的携带式电动工具应采用 42V 安全电压；有电击危险环境使用的手持照明灯和局部照明灯应采用 36V 或 24V 安全电压；金属容器内、隧道内、水井内以及周围有大面积接地导体等工作地点狭窄、行动不便的环境应采用 12V 安全电压；水上作业等特殊场所应采用 6V 安全电压。

安全电压回路的带电部分必须与较高电压的回路保持电气隔离，并不得与大地、保护接零（地）线或其他电气回路连接。安全电压的插销座不得与其他电压的插销座有插错的可能。安全隔离变压器的一次边和二次边均应装设短路保护元件。

如果电压值和安全电压值相符，而由于功能上的原因，电源或回路配置不完全符合安全电压的要求，则称之为功能特低电压。应用功能特低电压需配合补充安全措施。

3. 漏电保护

漏电保护装置（漏电保护器，也称剩余电流动作保护器）主要用于防止间接接触电击和直接接触电击，也用于防止漏电火灾和监测一相接地故障。

电流型漏电保护装置以漏电电流或触电电流为动作信号。动作信号经处理后带动执行元件动作，促使线路迅速分断。电流型漏电保护器工作原理见图3-1。

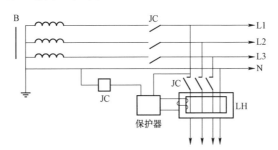

图3-1　电流型漏电保护器工作原理图

电流型漏电保护装置的额定动作电流从6mA至20A有很多等级。其中，30mA及以下属高灵敏度，主要用于防止触电事故；30mA以上、1000mA及以下的属中灵敏度，用于防止触电事故和漏电火灾；1000mA以上属低灵敏度，用于防止漏电火灾和监视一相接地故障。

漏电保护装置的选用应当考虑多方面因素。在浴室、游泳池、隧道等电击危险性很大的场所，应选用高灵敏度的漏电保护装置。单相线路选用二级保护器，仅带三相负载的三相线路可选用三级保护器，动力与照明合用的三相四线线路和三相照明线路必须选用四级保护器。

4. 保护接地（零）

保护接地、接零方式主要包括IT、TT、TN三种形式。其中：

IT系统（I表示配电网不接地或经高阻抗接地，T表示电气设备外壳接地）为保护接地系统，适用于各种不接地配电网。该类配电网中，凡由于绝缘损坏或其他原因而可能呈现危险电压的金属部分，除另有规定外，均应接地。IT系统接线示意图见图3-2。

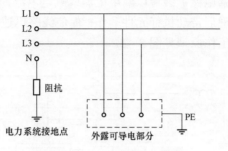

图 3-2　IT 系统接线示意图

TT 系统（T 表示配电网直接接地，T 表示电气设备外壳接地），主要用于低压用户，即用于未装备配电变压器，从外面引进低压电源的小型用户。采用该系统方式，必须装设漏电保护装置或过电流保护装置，并优先采用前者。TT 系统接线示意图见图 3-3。

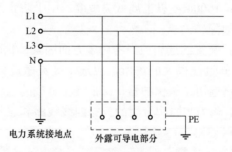

图 3-3　TT 系统接线示意图

TN 系统（T 表示配电网不接地或经高阻抗接地，N 表示电气设备在正常情况下不带电的金属部分与配电网中性点之间，亦即与保护零线之间紧密连接）为保护接零系统，主要用于装有配电变压器且其低压中性点直接接地的 220/380V 三相四线配电网。TN 系统接线示意图见图 3-4。

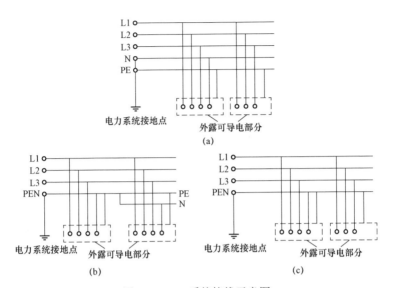

图 3-4 TN 系统接线示意图

（a）TN-S 系统；（b）TN-C-S 系统；（c）TN-C 系统

四、检修前主要准备工作

（一）查阅档案了解检修设备的运行状况

（1）运行中所发现的缺陷和异常（事故）情况，出口短路的次数和情况；

（2）负载、温度和附属装置的运行情况；

（3）查阅上次大修总结报告和技术档案；

（4）查阅试验记录（包括油的化验和色谱分析），了解绝缘状况；

（5）检查渗漏油部位并作出标记；

（6）进行大修前的试验，确定附加检修项目等。

（二）编制检修工程技术、组织措施计划

（1）人员组织及分工；

（2）施工项目及进度表；

（3）特殊项目的施工方案；

（4）检修方法、有关设计计算和图纸；

（5）确保施工安全、质量的技术措施和现场防火措施；

（6）主要施工工具、设备明细表，主要材料明细表；

（7）绘制必要的施工图等。

（三）开展现场勘察

进行电力设备（设施）施工作业，工作票签发人或工作负责人认为对有必要现场勘察的检修作业，施工、检修单位均应根据工作任务组织现场勘察，并填写现场勘察记录。现场勘察由工作票签发人或工作负责人组织。重点勘察事项如下：

（1）现场施工（检修）作业需要停电的范围；

（2）保留的带电部位和作业现场的条件；

（3）环境及其他危险点等。

根据现场勘察结果，对危险性、复杂性和困难程度较大的作业项目，应编制组织措施、技术措施、安全措施，明确过程控制的专责人员，履行审查批准手续后执行。

（四）办理工作票

依据工作任务，正确选用工作票的种类，由工作负责人或工作票签发人填写工作票。工作票的填写应规范使用设备的名称、编号和术语，按照票面格式逐项填写，一式两份，内容应正确、清楚，工作地点及工作任务、安全措施、计划工作时间等重点事项，要对应填写、内容齐全完备，由工作票签发人全面审核正确签发，并于工作许可人、工作负责人办理送交手续。现场工作开工前，工作负责人应履行安全技术交底责任，宣读工作票，交待工作内容、人员分工、带电部位和现场安全措施，进行危险点告知，履行确认手续，工作班方可开始工作。

工作过程中，应按照工作票组织措施内容要求，正确办理工作许可、工作监护、增加工作任务、工作延期、人员变更、工作终结手续。

五、典型设备检修工作票应用基本规范

电力线路、变压器、断路器（开关）、隔离开关（刀闸）停电检修，虽采用相同的工作票种类，但由于检修工作任务以及运行环境的不同，因而停电的范围及所采取的安全技术措施也存在较大差异。现就变电设备检修工作票基本内容应用规范进行说明，见表 3-11。

表 3-11　　　　典型设备检修工作票应用基本规范

工作票填写项目		工作票执行项目
工作票单位、编号		工作的单位名称；工作票的编号（保持编号的唯一、连续性）
班组信息		实施工作任务的工作负责人、工作班人员姓名，其中工作班人员为参加工作的全部人员姓名
工作地点		变电站工作票，填写"工作的变、配电站名称及设备双重名称"
		线路工作票，填写"工作的线路名称及设备双重名称"
工作任务		变电站工作票，填写工作地点并对应填写工作内容
		线路工作票，填写工作地点或地段并对应填写工作内容
计划工作时间		填写批准的计划检修时间（___年___月___日___时___分）
安全组织措施	工作票签发	签发人审核工作票合格，签名，填写签发时间
	工作票接收	工作负责人、工作许可人接收，签名，填写接收时间
	工作许可	填写工作许可人姓名、许可方式及许可时间
	现场工作开工	工作负责人召开开工会，工作班人员签名确认，工作开工
	工作班人员变动	1）工作负责人变动，须经工作票签发人同意，填写变动人员及时间。 2）工作班人员变动，须经工作负责人同意，填写变动人员姓名及时间
	工作票延期	填写经批准的延期日期、时间；工作负责人、工作许可人分别签名。工作票只能延期一次，带电作业工作票不能办理延期
	工作间断	填写收工、再工时间，工作负责人、工作许可人的姓名

安全组织措施	工作终结	工作负责人向工作许可人汇报工作终结，履行终结手续，分别签名并填写时间		
	工作票终结	由工作许可人办理，签名并填写时间		
	备注	填写专责监护及其他事项		

设备类别	安全技术措施		
	应拉的开关、刀闸	应装接地线（合接地刀闸）	应装设遮栏及防止二次回路误碰措施
电力线路检修	应改为检修状态的线路间隔名称和应拉开的断路器（开关）、隔离开关（刀闸）、熔断器（包括分支线、用户线路和配合停电线路；使用设备双重名称）	1）变电站侧需要装设的接地线或应合上的接地刀闸； 2）在工作地段应装设的接地线； 3）配合停电线路上应装设的接地线	城区、人口密集区地段； 交通道口或通行道路； 工作场所； 高压试验场所
变压器检修	应拉开的各侧开关编号； 应拉开的各侧刀闸编号； 应拉开的控制电源开关； 应拉开的操作电源开关； 应拉开的其他电源开关	在变压器各侧装设接地线或合上的接地刀闸编号（应为变压器各侧绕组的直接接地）	1）变压器检修工作区域装设遮栏（不得有带电设备）。 2）退出保护装置有关跳闸出口压板（包括失灵、母联跳闸出口等）
断路器（开关）检修	应拉开的开关编号； 应拉开的两侧刀闸编号； 应拉开的控制电源开关； 应拉开的操作电源开关	在开关两侧装设接地线或合上的接地刀闸编号（应为开关设备直接接地）	1）开关检修工作区域装设遮栏（不得有带电设备）。 2）退出保护装置有关跳闸出口压板（包括失灵出口等）
隔离开关（刀闸）检修	应拉开的开关编号； 应拉开的刀闸编号； 应拉开的控制电源开关； 应拉开的操作电源开关	在刀闸两侧装设接地线或合上的接地刀闸编号（应为刀闸设备直接接地）	刀闸检修工作区域装设遮栏（不得有带电设备；刀闸一侧停电、一侧带电应视为带电设备）
电压互感器检修	应拉开的开关编号或应拉开的刀闸编号； 应拉开的二次回路开关	在电压互感器高压侧装设接地线或合上的接地刀闸编号（应为互感器直接接地）	互感器检修工作区域装设遮栏（不得有带电设备）

设备类别	安全技术措施		
	应拉的开关、刀闸	应装接地线 （合接地刀闸）	应装设遮栏及防止二 次回路误碰措施
继电保护 工作	应拉开的开关编号； 应拉开的刀闸编号； 应拉开的控制电源开关； 应拉开的装置电源开关	—	1）继电保护装置检 修工作区域装设遮栏， 或在前、后、左、右相 邻运行屏柜上挂"运 行"遮布。 2）退出有关装置跳 闸出口压板
配电箱 （柜）检修	应拉开的开关编号； 应拉开的刀闸编号； 应拉开的控制电源开关； 应拉开的装置电源开关	1）变电站侧需要装 设的接地线或应合上 的接地刀闸； 2）在工作设备两侧 应装设的接地线； 3）.配合停电设备上 （T 接、用户接入电源 灯）应装设的接地线	1）箱（柜）检修工 作区域装设遮栏（不得 有带电设备）。 2）退出有关测控装 置出口
电力电容 器检修	应拉开的开关编号； 应拉开的刀闸编号	应装设的接地线或 应合上的接地刀闸编 号（应为电容器设备直 接接地）	整组电容器检修工 作区域装设遮栏（不得 有带电设备；脱离整组 电容器的单台电容器 应多次放电）

第二节 变电站工作票

变电站工作票系指变电站（发电厂）第一种、第二种工作票及变电站（发电厂）带电作业工作票、变电站（发电厂）事故紧急抢修单，适用于变电设备停电和不停电的工作，其执行流程有工作票的填写与送达、工作许可、工作监护、工作间断和工作终结等项目，其主要内容有工作的单位、班组、工作负责人以及工作任务、安全措施等要素组成，涵盖了保证工作安全的组织措施和技术措施。

一、工作票种类及应用

工作票种类及应用见表 3–12。

表 3–12   工作票种类及应用

工作票种类	选用规范	注意事项
变电站(发电厂)第一种工作票	◆《电力安全工作规程》规定填用第一种工作票的工作。 ◆《电力安全工作规程》规定的二次系统上的工作。 ◆《电力安全工作规程》规定的高压试验工作	
	第一种工作票所列工作地点超过两个,或有两个及以上不同的工作单位(班组)在一起工作时,可采用总工作票和分工作票。总、分工作票应由同一个工作票签发人签发	
电力电缆第一种工作票	《电力安全工作规程》规定的填用第一种工作票的电力电缆工作	
变电站(发电厂)第二种工作票	◆《电力安全工作规程》规定填用第二种工作票的工作。 ◆《电力安全工作规程》规定在低压配电装置和低压导线上的工作。 ◆《电力安全工作规程》规定二次系统上的工作	
电力电缆第二种工作票	《电力安全工作规程》规定填用第二种工作票的电力电缆工作	
变电站(发电厂)带电作业工作票	《电力安全工作规程》规定填用带电作业工作票的工作	
变电站(发电厂)事故紧急抢修单	《电力安全工作规程》规定填用事故紧急抢修单的工作	

二、工作票的填写

工作票的填写见表 3–13。

表 3-13　　　　　　　　　工 作 票 的 填 写

项目	填写规范	注意事项
单位	填写负责执行工作任务的车间级单位，如变电检修室、变电运维室、信通分公司、客服分中心等（承发包工程签发的工作票，则填写承包单位名称）	
编号	◆ 工作票统一连续编号，末端编号可按照年（两位）+月（两位）+流水号（三位）的顺序组成。 ◆ 总、分工作票，总票编号为工作票编号+分票数量组成［如：有 3 份分票，则编号为：总…1706001（3）注；各分票编号则有总票编号+分票编号组成，如：总…1706001（3）-01；总…1706001（3）-02；总…1706001（3）-03	注："1706001"则为工作票的末端编号，"（3）"则表示有 3 张分工作票
工作负责人及班组	◆ 工作负责人（监护人）：填写拟定的工作负责人姓名（经本单位批准公布的人员）。若几个班同时工作时，填写总工作负责人的姓名。 ◆ 班组：填写参加工作的班组名称	
工作班人员	◆ 一张工作票，填写参加工作的全部人员姓名。 ◆ 总、分工作票：总工作票的工作班成员栏内，只填写各分工作票的负责人，不必填写全部工作班人员姓名。分工作票上填写工作班全部人员姓名	
工作的变、配电站名称及设备双重名称	填写带有电压等级的变（配）电站名称及设备双重名称（如：500kV 济南变电站，1 号主变压器，1 号主变压器 5001 断路器，1 号主变压器 2001 断路器，1 号主变压器 3001 断路器，……房屋、地面、电缆隧道等基础设施，应填明具体工作地点名称，如：500kV 济南站 主控楼、500kV 济南站 500kV 设备区××间隔）	
工作任务	◆【工作地点及设备双重名称】：逐项填写工作地点及设备双重名称。如：1 号主变压器；500kV 设备区：1 号主变压器 5001 断路器；220kV 设备区：1 号主变压器 2001 断路器；35kV 设备区：1 号主变压器 3001 断路器；…… ◆【工作内容】：对应"工作地点及设备双重名称"逐项填写工作内容。如：更换散热器；调压分接开关试验；电气试验；本体大修；操动机构检查；套管涂刷 PRTV；……	
计划工作时间	填写调度部门批复的设备检修时间。无需调度部门批复的工作，按照月度生产计划工作时间或实际工作时间填写	

项目		填写规范	注意事项
安全措施	应拉断路器（开关）、隔离开关（刀闸）	填写实施设备"停电"措施，工作需要应拉开的全部开关、刀闸和跌落熔断器、快分开关或电源刀闸等，包括填写前已拉开的开关和刀闸。如：拉开 5001、2001 开关，拉开 50012、50013 刀闸，……	
	应装接地线、应合接地刀闸	填写实施设备"接地"措施，工作需要应装设的全部接地线和应合的接地刀闸（装设接地线的确切地点空出接地线编号位置由工作许可人填写）。可按接地线、接地刀闸的顺序分类填写。 如：合上××、××接地刀闸；在××处装设#__接地线；……	工作班自设的接地线或个人保安线除外
	应设遮栏、应挂标示牌及防止二次回路误碰等措施	填写实施"悬挂标示牌和装设遮栏"措施，在工作场所应装设遮栏、绝缘隔板或在设备操作把手等处应挂标示牌的地点和名称，以及防止二次回路误碰等相关具体措施	装设规范见附录3
	工作地点保留带电部分或注意事项	填写停电设备上、下、左、右、前、后第一个相邻带电设备的名称、编号及注意事项（对一侧带电，另一侧不带电的设备以及待用间隔应视为带电设备）。由工作票签发人填写	无内容则填"无"字
	补充工作地点保留带电部分和安全措施	填写有必要补充的保留带电部分和其他安全措施及特殊要求等；由工作许可人填写。如：一次设备运行方式、继电保护或安全自动装置运行状态、邻近设备带电部分以及安全措施等	无内容则填"无"字
	相关说明	◆ 总、分工作票，总工作票上所列的安全措施应包括所有分工作票上所列的安全措施。 ◆ 安全措施填写顺序，可按开关、刀闸、高压熔断器、低压熔断器、电源小刀闸、快分开关等设备分类逐项填写	
工作票签发人签名、签发日期		工作票签发人审核本工作票所填项目无误后签名并填写签发日期（可使用电子签名）。 ☞ 总、分工作票应由同一个工作票签发人签发。 ☞ 承发包工程"双签发"工作票，由双方工作票签发人在"工作票签发人"处分别签名	

项目	填写规范	注意事项
收到工作票时间	运维人员填写收到正式工作票的时间（提前一天通过局域网或传真送达且经运维人员审查合格的工作票，做好运行值班记录，待正式工作票送达后，可将前一天收到工作票的时间填写在工作票上）	
确认工作票	工作许可人在应装接地线空位处填入相应接地线编号，会同工作负责人对工作票"1～×项"逐项确认工作票所填内容已完成且与现场实际完全相符，在"已执行"栏内对应安全措施项逐一打"√"，双方分别在签名处签名	
确认工作负责人布置的工作任务和安全措施；工作班组人员签名	◆ 工作许可手续完成后，工作负责人召开现场站班会，工作班成员在明确了工作负责人、专责监护人交代的工作内容、人员分工、带电部位、现场安全措施和工作危险点后，在工作负责人所持工作票上签名。工作班方可开始工作。 ◆ 总、分工作票，各分工作票负责人在总工作票上确认签名，与总工作票负责人办理分工作票许可手续；分工作票工作人员在确认分工作票工作内容、带电部位和安全措施以及注意事项后在分工作票上签名，分工作票工作班方可开始工作	总、分工作票许可，工作票上的"确认本工作票1～×项一工作许可人签名"处，由总票工作负责人签名
工作负责人变动情况	◆ 由原工作票签发人填写离去和变更的工作负责人姓名，在工作票签发人签名处签名，填写变更时间。工作票签发人、工作许可人任一方不在工作现场时，由原工作票签发人同意并将变动情况通知工作许可人，工作许可人、工作负责人分别在所持工作票上填写离去和变更的工作负责人姓名、工作票签发人姓名和变更时间。 ◆ 分工作票负责人的变更，由工作票签发人同意并通知总工作票负责人，由总工作票负责人填写相关记录并与之办理相关变更手续。 ◆ 专责监护人的变更，由工作负责人变更专责监护人，履行变更手续，并告知全体被监护人员。变更情况记入"备注"栏（专责监护人××离去，变更××为专责监护人，负责监护××地点××工作）	

项目	填写规范	注意事项
作业人员变动情况	◆ 由工作负责人同意，在所持工作票上填写变动人员（含离开不再返回工作地点的人员）姓名、变动日期、时间及所在班组。新增人员在明确了工作负责人交代的工作内容、人员分工、带电部位、现场安全措施和工作危险点后，在工作负责人所持工作票上签名后，方可参加工作。离开现场人员应注明姓名和时间。 ◆ 分工作票人员变动，在相应的分工作票上填写	每天准时记录人员变动情况，可加附页
工作票延期	◆ 由工作负责人在工期结束前向运维负责人提出延期申请（提前时间应能够保证申请手续完成所需时间）。由运维负责人通知工作许可人给予办理，填写延期时间，双方分别签名、填写时间。运维负责人不在现场，工作负责人可通过电话联系办理延期手续。分工作票办理延期手续，由分工作票负责人向总工作票负责人办理；若分工作票延期时间超出总工作票计划工作时间时，则应先办理总工作票延期手续，再办理分工作票延期手续。 ◆ 调度管辖设备，应在得到值班调控人员的批准通知后，方可办理延期手续。工作票只能延期一次。带电作业工作票不准延期	
每日开工和收工时间	◆ 每日收工，工作负责人应将工作票交回工作许可人。次日复工，工作负责人应从工作许可人处取回工作票，分别在各自所持工作票上填写收、开工时间并签名。 ◆ 无人值班变电站检修工作，当日收工，工作票无法交回工作许可人，由工作负责人电话告知工作许可人当日工作收工；次日复工，工作负责人电话告知工作许可人，得到工作许可，重新检查确认安全措施符合工作票要求后，方可开始工作。工作许可人、工作负责人分别在各自所持工作票上填写收、开工时间并签名，同时替代对方签字	
工作终结	工作负责人做工作终结前检查，待全体工作人员撤离工作地点后，再向运行人员交待检修事项并现场检查验收，然后在工作票上填明工作结束时间。分别在签名处签名后，表示工作终结	

项目		填写规范	注意事项
工作票终结		临时遮栏、标示牌已拆除，常设遮栏已恢复。填写未拆除的接地线编号__共__组、未拉开的接地刀闸（小车）编号__共__副（台），并汇报调控人员。工作许可人在签名处签名并填写时间，工作票方告终结	无接地线（刀闸）填写内容时，则在横线上填写"0"
备注		◆ 由工作票签发人或工作负责人填写指定专责监护人姓名，被监护人员姓名以及具体工作地点、内容。 ◆ 由工作负责人填写因故暂时离开工作现场的人员，指定临时替代人员及履行的交接手续等。 ◆ 由工作票签发人或工作负责人填写与本工作有关的其他事项	
其他项目	工作条件	◆ "停电与不停电"系指工作的对象，并填写邻近及保留带电设备名称。如：××设备停电，邻近××设备（名称）带电；××设备不停电，邻近××设备（名称）带电。房屋、地面、电缆隧道等非电气类设施的工作，则直接填写"不停电"。 ◆ "等电位、中间电位或地电位作业，或邻近带电设备名称"，即填写带电作业的方法和邻近带电设备名称。如：××设备等电位作业，邻近××设备（名称）带电	
	注意事项（安全措施）	对应"工作条件"填写注意事项（安全措施）。如： ☞ 应拉开的电源空开、刀闸、熔断器； ☞ 应设置的安全标示牌、安全围栏、封闭道路（通道）； ☞ 工作前验电，防止人身触电； ☞ 受限空间作业前空气质量检测； ☞ 指定专人监护，××地点派人看守； ☞ 大型机具（如吊车、拖车等）使用安全事项； ☞ 应退出的继电保护或安全自动装置； ☞ 安全工器具和安全防护用品的使用及其注意事项； ☞ 明确"遥控"开关的位置； ☞ 通信设备、光纤、电力计量装置或回路上工作注意事项； ☞ 应采取的绝缘隔离措施和注意事项； ☞ 防止误碰、误动设备的措施； ☞ 应与带电设备保持的安全距离； ☞ 作业的方法及次序； ☞ 禁止的行为等	无内容则填"无"字

三、工作票的执行

工作票的执行见图 3–5、图 3–6。

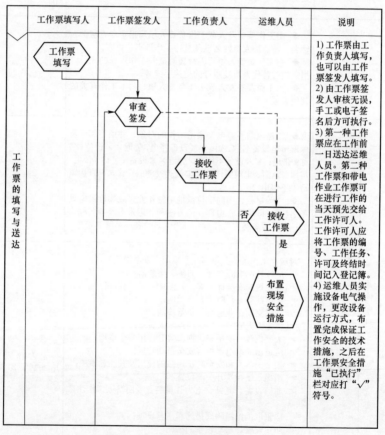

工作票填写人	工作票签发人	工作负责人	运维人员	说明
工作票填写	审查签发	接收工作票	否 接收工作票 是 布置现场安全措施	1) 工作票由工作负责人填写，也可以由工作票签发人填写。2) 由工作票签发人审核无误，手工或电子签名后方可执行。3) 第一种工作票应在工作前一日送达运维人员。第二种工作票和带电作业工作票可在进行工作的当天预先交给工作许可人。工作许可人应将工作票的编号、工作任务、许可及终结时间记入登记簿。4) 运维人员实施设备电气操作，更改设备运行方式，布置完成保证工作安全的技术措施，之后在工作票安全措施"已执行"栏对应打"√"符号。

图 3–5　工作票执行流程（一）

86

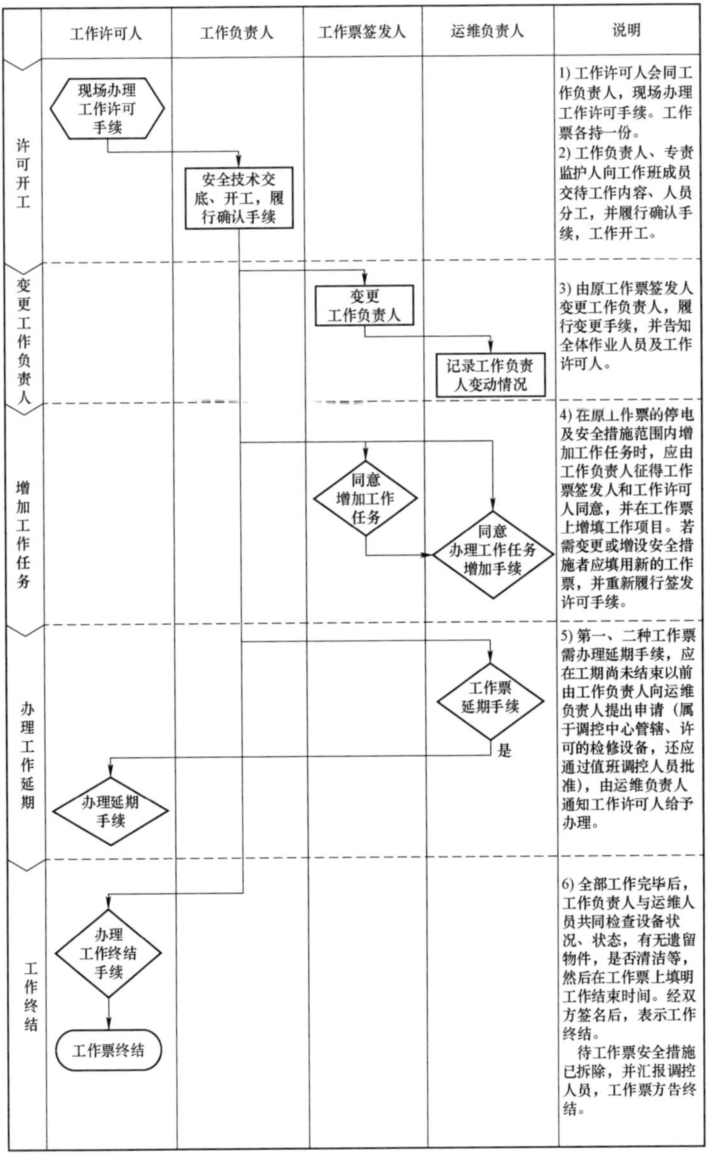

	工作许可人	工作负责人	工作票签发人	运维负责人	说明
许可开工	现场办理工作许可手续	安全技术交底、开工、履行确认手续			1) 工作许可人会同工作负责人，现场办理工作许可手续。工作票各持一份。 2) 工作负责人、专责监护人向工作班成员交待工作内容、人员分工，并履行确认手续，工作开工。
变更工作负责人			变更工作负责人	记录工作负责人变动情况	3) 由原工作票签发人变更工作负责人，履行变更手续，并告知全体作业人员及工作许可人。
增加工作任务			同意增加工作任务	同意办理工作任务增加手续	4) 在原工作票的停电及安全措施范围内增加工作任务时，应由工作负责人征得工作票签发人和工作许可人同意，并在工作票上增填工作项目。若需变更或增设安全措施者应填用新的工作票，并重新履行签发许可手续。
办理工作延期	办理延期手续		工作票延期手续　是		5) 第一、二种工作票需办理延期手续，应在工期尚未结束以前由工作负责人向运维负责人提出申请（属于调控中心管辖、许可的检修设备，还应通过值班调控人员批准），由运维负责人通知工作许可人给予办理。
工作终结	办理工作终结手续　工作票终结				6) 全部工作完毕后，工作负责人与运维人员共同检查设备状况、状态，有无遗留物件，是否清洁等，然后在工作票上填明工作结束时间。经双方签名后，表示工作终结。 　待工作票安全措施已拆除，并汇报调控人员，工作票方告终结。

图 3-6 工作票执行流程（二）

四、有关事项的处理方法

（一）工作票送达

第一种工作票应在工作前一日送达运维人员，可直接送达或通过传真、局域网传送。传真传送的工作票应待正式工作票送达后履行许可手续。临时工作可在工作开始前直接交给工作许可人。正式工作票一般系指工作负责人在工作前交给运维人员的工作票。

对于提前一天网上送达的工作票，接收人办理网上接收手续，填写接收时间（或系统自动记录时间），并按规定将工作票的接收时间、工作地点、工作任务、工作负责人等信息填写在运行值班记录簿上。工作日当天，接收工作负责人送交的书面工作票，收到工作票时间宜填写即时收到的时间。

（二）工作票接收审查

接收工作票，应及时审查工作活动范围、施工机械等对安全围栏装设的要求，是否满足工作现场空间的需要，且应保证与带电设备保持足够的安全距离。不合格的工作票应予以退回或作废，并及时通知工作票签发人（或工作负责人）。作废或未执行的工作票应在"工作内容"栏内盖"作废"或"未执行"章。作废、未执行工作票号不得再次使用。

通过局域网传递的工作票，应及时办理工作票的网上接收手续，同时完善相关流程信息，并按规定将接收时间等填写到运行值班记录簿。

（三）正确理解一个电气连接部分在工作票上的应用

《安规》规定："工作票所列的工作地点，以一个电气连接部分为限"。据此理解，在填写工作票的工作地点时，要合理对待"一个电气连接部分"的限制，并对应"一个电气连接部分"填写工作内容。在"一个电气连接部分"内，避免在工作地点、工作内容上的相互交叉。

（四）总、分工作票的理解和使用

工作票所列工作地点超过两个，或有两个及以上不同的工作单位（含班组）在一起工作时，可采用总工作票和分工作票。

变电站整体电气部分是由若干个独立的电气连接部分组成的，电气设备的检修工作，一般是以最基本的间隔形式提报检修申请或安排停电（包括独立间隔内的一次设备、二次设备），实质上可理解为一个或几个电气连接部分的停电或检修，工作地点也将会分布于室内、室外等多个区域。因此，现场的实际工作安排，以最基本的电气单元（一个电气连接部分）为工作单位，确定选用一张总、分工作票形式，将更有利于工作现场的管控。在遇有"进线—母线—变压器"的典型接线方式时，亦可将该方式理解为一个电气连接部分，这样将更有利于工作票的选用。否则，极易违反"工作票所列的工作地点，以一个电气连接部分为限"的规定。

在大修、技改等复杂的多工序作业时，普遍存在同一停电计划使用多张工作票的情况，而不愿使用总、分工作票。此种情况下，各检修班组各自为政，不利于工作任务的统筹管控。若运维人员或值班调控人员管控失效，极易造成安全生产事故。

（五）信通设备上的工作

光缆为电网数据信息的主要传递通道，普遍应用于各类继电保护和安全自动装置的运行中。限于电力企业光缆及应用分布于不同的专业单位，工作期间需要专业之间的有序配合，才能保证电网的安全运行。

如：在通信设备或光纤等回路上的工作，影响继电保护及安全自动装置、调度自动化系统正常运行时，要联系继电保护装置管理（使用）单位，申请停用相关的继电保护及安全自动装置、调度自动化系统等后，再进行光缆回路上的工作。

光缆线路上的工作，在安全距离不足、不能保证作业人身安全或影响电力线路正常运行时，同样也要联系一次设备的主人单位，将电力设备予以停电处理，并协调落实相关工作负责人、办理相应种类的工作票手续。

（六）计量装置（回路）上的工作

变电站电流互感器专用计量绕组、二次侧接线端子及回路由计量单位专业负责，包括互感器特性试验的工作；而一次设备则由变电检修单位负责运维。因此，凡计量二次回路上的工作，无需高压设备停电或做安全措施者，均选用变电站第二种工作票。若需将高压设备停电或做安全措施者（如调整变比、特性试验等），应联系变电设备运维单位，协调落实相关工作负责人并选用变电站第一种工作票组织工作。

配电系统上的计量装置，一般集中安装于配电柜（箱）内，即凡与高压设备满足安全距离且安全措施可靠者，宜采用低压工作票组织工作。否则，应选用第一种工作票。

（七）承发包工程工作票的填用

工作票由设备运维管理单位（部门）签发，也可由经设备运维管理单位（部门）审核合格且经批准的检修及基建单位签发。检修及基建单位的工作票签发人及工作负责人名单应事先送有关设备运维管理单位（部门）备案。对于检修及基建工程中的承发包项目，除依法签订合同、安全协议外，工作票的办理应依据《电力安全工作规程》下列规定执行：承发包工程中，工作票可实行"双签发"形式。签发工作票时，双方工作票签发人在工作票上分别签名，各自承担本部分工作票签发人相应的安全责任［检修及基建单位的工作票签发人及工作负责人名单应事先送有关设备运维管理单位（部门）备案］。

（八）关于第一种工作票与其他类工作票的选用

无论在变电站高压设备上的工作，还是电力线路上的工作，区别选用工作票种类的依据为高压设备是否需要停电或做安全措施，即高压设备需要停电或做安全措施者，要选用第一种工作票，其他工作则选填其他类工作票。

（九）关于工作票工作条件（停电/不停电）、安全措施的应用

（1）停电/不停电，是要根据工作任务，明确检修对象的工作条件，即停电还是不停电。若为停电，则应写明应拉开的电源开关、刀闸或取下的熔断器等。对于邻近带电设备的工作，则应写明周围带电设备的情况。

（2）注意事项（安全措施），是要根据工作条件、检修对象以及工作地点的设备、地理状况及工作人员活动范围等情况，详细填写应采取的注意事项和安全措施（包括与带电设备保持的安全距离），如装设遮栏、标示牌、安全距离等。其参照内容如下：

1）应拉开的电源空开、刀闸、熔断器；

2）应设置的安全标示牌、安全围栏、封闭道路（通道）；

3）工作前验电，防止人身触电；

4）受限空间作业前空气质量检测；

5）指定专人监护，××地点派人看守；

6）大型机具（如吊车、拖车等）使用安全事项；

7）应退出的继电保护或安全自动装置；

8）安全工器具和安全防护用品的使用及其注意事项；

9）明确"遥控"开关的位置；

10）通信设备、光纤、电力计量装置或回路上工作注意事项；

11）应采取的绝缘隔离措施和注意事项；

12）防止误碰、误动设备的措施；

13）应与带电设备保持的安全距离；

14）作业的方法及次序；

15）禁止的行为等。

（十）接地线变动在工作票上的管控方式

《安规》规定，对于因平行或临近带电设备导致检修设备可能产生感应电压时，应加装工作接地线或使用个人保安线。那么，在遇有检修人员加装的工作接地线时，则宜在办理工作票许可手续时，一式两份在工作票的备注栏填写"在××位置加装×号接

地线，防止感应电压"；拆除后对应填写"×时×分已拆除，工作负责人签名"，在得到工作许可人现场确认后，再行办理工作终结手续。对于检修人员加装的个人保安线，则应在检修方工作票的备注栏填写装设和拆除情况，并由工作负责人签名确认。以此，防止因疏漏造成的接地线漏拆。

在进行测量母线和电缆的绝缘电阻、测量线路参数等工作时，若需拆除一相或全部接地线，拆除接地线、保留短路线，应征得变电运维人员或调度人员的许可，在变更或恢复接地线的过程中，禁止碰触未接地的工作设备或超范围作业。高压试验人员在变更或试验结束时，应首先断开试验电源、放电，并将升压设备的高压部分放电、短路接地。

（十一）与架空输电线及其他带电体最小安全距离及应用

本章中表 3-3 为作业时起重机臂架、吊具、辅具、钢丝绳及吊物等与架空输电线及其他带电体的最小安全距离，同时适用于架空输电线路和变电站场所的工作。但在应用时，也要掌握不同作业场所上的执行差异，即在变电站场所的作业，在小于该距离而大于表 3-2 距离的规定时，应制订安全措施并经批准后允许作业，但在小于表 3-2 距离的规定时，则应停电进行；而在架空输电线路场所的作业，与架空输电线路及其他带电体最小安全距离则不准小于表 3-3 距离的规定。

（十二）关于变电站架空线路（电缆）设备上的工作

电力架空线路经进站塔至变电站架构接入线路间隔的出线刀闸，电力企业线路、变电专业单位的设备分界、职责分工一般有以下两种形式：

1）架空线路（电力电缆）在变电站出线架构挂接点（开关柜、GIS 接线板或导体）为分界点，挂接点线路侧设备由线路运检单位负责运维，压接螺栓及引下线以下的设备由变电运检单位负责运维。

2）以变电站围墙中心线在线路上的垂直映射点为分界点，

分界点变电站侧由变电运检单位负责检修管理，分界点线路侧设施由线路运检单位管理。

对于电缆线路，一般以变电站进出线间隔的电缆接线端子（开关柜、GIS）压接螺栓为分界点，分界点及其线路侧设备由线路运检单位负责运维（不含零序电流互感器等附属设备），分界点变电站侧设备由变电运检单位负责运维。

主要工作任务包括：

1）接入变电站架构挂接线上的工作；

2）线路引下线至刀闸压接线的工作；

3）电力电缆接入开关柜、GIS 电缆室的工作；

4）线路定相、参数测量的工作；

5）电力电缆试验的工作。

电力线路（电缆）接入变电站待用间隔（母线连接排、引线已接上母线的备用间隔）上的工作，应对待用间隔停电后实施。申请的停电计划虽为一项计划，但实际上是由变电、线路专业单位分别提出（实质上是两项计划）；且在接入间隔的工作时，调度机构除在变电站侧对线路实施接地措施外，检修（施工）单位还要求对待用间隔作"转检修"处理，包括在待用间隔装设接地线（合上接地刀闸）、工作地点周围装设遮栏及悬挂标示牌；必要时，对相邻设备采取相应安全技术措施。

1. 架空线路变电站内的工作

方式一：按照停电计划的申请方，由双方分别组织工作。即线路上的工作选用电力线路工作票组织作业；变电站内的工作，选用变电站工作票组织作业。线路专业进入变电站工作时，视同变电站"高压设备上工作需要全部停电或部分停电者"的工作，执行变电站第一种工作票一并管控，应拉开的开关及刀闸、应合接地刀闸（装设接地线）、装设安全遮栏、悬挂标示牌等安全技术措施，对应变电站工作票相关栏目分别填写。

本方式下变电站内工作负责人由变电检修专业人员担任。

方式二：将线路上变电站侧的工作，理解为线路上工作的延伸。按照"持线路或电缆工作票进入变电站或发电厂升压站进行架空线路、电缆等工作，应增填工作票份数，由变电站或发电厂工作许可人许可，并留存。上述单位的工作票签发人和工作负责人名单应事先送有关运维单位备案"的规定，执行电力线路第一种工作票。

本方式下应由运检单位派出专责监护人。

电网企业变电运行、变电检修和线路检修车间，一般按照一个专业单位的原则设置，而在 20kV 及以下配电网中，一般按照公备线路、客户专线及供电营业区的原则，分别隶属于配电运检车间和供电所负责运检。关于变电、线路专业车间的工作配合，若按"方式一"执行，变电检修单位掌握停电计划的主动权，可统筹该车间专业班组人员力量合理安排停电计划。若按"方式二"执行，工作的主动权在各个线路检修单位，将可能出现"N 对 1"的局面。同时，由于线路专业人员对变电站情况的不熟悉，开展该类工作时应注意做好以下工作：

（1）变电站侧停电范围的确定及计划的提报，需要在单位内部明确工作的责任单位、配合单位。

（2）持线路工作票进站作业的工作负责人，要熟悉变电《安规》的内容，具备填写工作票和组织变电站现场作业的条件；还要对具备该资格的工作票签发人、工作负责人范围予以公布。

（3）该类型的工作，由于需要变电检修单位的参与配合（安装工艺和质量验收等），需要变电检修单位的配合，要在工作票上注明变电检修单位参与的方式（如工作班成员、工作联系人等），明确向运行人员办理工作终结手续的责任人。

2. 电力电缆变电站内的工作

电力电缆接入变电站的工作，较之架空线路又存在一定的特殊之处，如接入开关柜的工作需要变电运检单位的配合及验收；接入 GIS 电缆气室的工作，同样需要变电专业的配合、验收，且工艺复杂，多有厂家技术服务人员的参与。尤其是在 10～110kV 电压等级设备上的工作，社会招投标进入的用户接入施工，更是给电力单位工作增加了较大的安全风险。

方式一：参照"架空线路变电站内的工作方式一"组织工作。

方式二：采用"架空线路变电站内的工作方式二"组织工作。应用《安规》提供的"电力电缆工作票"固定文本组织工作。

📋 第三节 线路工作票

线路工作票系指电力线路第一种工作票、电力线路第二种工作票、电力电缆第一种工作票、电力电缆第二种工作票、电力线路带电作业工作票、电力线路事故紧急抢修单，适用于电力线路停电和不停电的工作，其执行流程有工作票的填写与送达、工作许可、工作监护、工作间断和工作终结等项目，其主要内容由工作的单位、班组、工作负责人以及工作任务、安全措施等要素组成，涵盖了保证工作安全的组织措施和技术措施。

一、工作票种类及应用

工作票种类及应用见表 3–14。

表 3–14 工作票种类及应用

工作票种类	选用规范	注意事项
电力线路第一种工作票	在停电的线路或同杆（塔）架设多回线路中的部分停电线路上的工作	
线路工作任务单	若一张停电工作票下设多个小组工作，每个小组应指定工作负责人（监护人），并使用工作任务单	
电力电缆第一种工作票	1）高压电力电缆停电的工作。 2）高压电缆需进入变电站进行停电作业的工作	

工作票种类	选用规范	注意事项
电力线路第二种工作票	带电线路杆塔上且与带电导线最小安全距离不小于线路《安规》表3规定的工作	
电力电缆第二种工作票	高压电力电缆不需停电的工作	
电力线路带电作业工作票	带电作业或与邻近带电设备距离小于线路《安规》表3、大于表5规定的工作	
电力线路事故紧急抢修单	事故紧急抢修应填用工作票或事故紧急抢修单。非连续进行的事故修复工作，应使用工作票	
现场勘察记录	进行电力线路施工作业、工作票签发人或工作负责人认为有必要现场勘察的检修作业，施工、检修单位均应根据工作任务组织现场勘察，并填写现场勘察记录。现场勘察由工作票签发人组织	

二、工作票的填写

工作票的填写见表3-15。

表3-15　　　　　　　　　工 作 票 的 填 写

项目	填写规范	注意事项
单位	填写负责执行工作任务的车间级单位，如输电运检室、信通分公司、客服分中心等（承发包工程签发的工作票，则填写承包单位名称）	
编号	◆ 工作票统一连续编号，末端编号按照年（两位）+月（两位）+流水号（三位）的顺序组成。 使用任务单时，工作票编号为工作票编号+任务单数量组成［如：有3份任务单，则编号为：总…1706001（3）］；各任务单编号则由工作票编号+任务单编号组成，如：总…1706001（3）-01；总…1706001（3）-02；总…1706001（3）-03	
工作负责人及班组	◆ 工作负责人（监护人）：填写拟定的工作负责人姓名（经本单位批准公布的人员）。若几个班同时工作时，填写总工作负责人的姓名。 ◆ 班组：填写参加工作的班组名称	

项目	填写规范	注意事项
工作班人员	◆ 填写全部人员姓名。 ◆ 使用工作任务单：工作票中工作人员填写各小组负责人姓名及共计人数；工作任务单中填写小组全部人员姓名及人数	
工作线路或设备双重名称（多回路应注明双重称号）	◆ 写明停电线路电压等级和名称。如果只有支线停电，应填写干线和支线的全称。 ◆ 若系同杆架设多回线路，填写停电线路的双重称号（即线路的双重名称和位置称号，位置称号是指上线、中线或下线，杆号增加方向的左线或右线），同时要注明线路色标的颜色	
工作任务	◆ 工作地点或地段（注明分、支线路名称、线路的起止杆号）； ☞ 在干线上的工作，填写该线路的名称和工作地段的起止杆号。 ☞ 在分支线上的工作，填写干线和分支线的名称及分支线工作地段的起止杆号。 ◆ 工作内容： ☞ 对应"工作地点或地段"逐项填写工作内容	
计划工作时间	填写调度部门批复的设备检修时间。无需调度部门批复的工作，按照月度生产计划工作时间或实际工作时间填写	
安全措施 （1）应改为检修状态的线路间隔名称和应拉开的断路器（开关）、隔离开关（刀闸）、熔断器（包括分支线、用户线路和配合停电线路）	◆ 断开发电厂、变电站、换流站、开闭所、配电站（所）（包括用户设备）等线路断路器（开关）和隔离开关（刀闸）。合上各侧接地刀闸或装设接地线。填写设备双重名称。 ◆ 断开线路上需要操作的各端（含分支）断路器（开关）、隔离开关（刀闸）和熔断器。填写设备双重名称。 ◆ 断开危及线路停电作业，且不能采取相应安全措施的交叉跨越、平行和同杆架设线路（包括用户线路）的断路器（开关）、隔离开关（刀闸）和熔断器。填写设备双重名称。 ◆ 断开有可能返回低压电源的断路器（开关）、隔离开关（刀闸）和熔断器	
安全措施 （2）保留或邻近的带电线路、设备	◆ 填写工作地段邻近、平行、交叉或同杆架设的未停电的线路（邻近、平行指停电线路上、下、左、右方向相邻的输配电线路，对降压运行的线路应填写该线路当前运行电压和降压前电压）名称。 ◆ 同杆架设运行线路的绝缘架空导线视为带电体填写。 ◆ 线路上的柱上断路器（开关）、隔离开关（刀闸）或跌落熔断器（保险），在拉开后一侧有电、一侧无电的设备，应视为带电设备填写	

97

	项目	填写规范	注意事项
安全措施	（3）其他安全措施和注意事项	根据现场实际和勘察结果，填写应设置的围栏、标示牌，施工过程中应采取的有关安全措施和注意事项	
	（4）应挂的接地线	◆ 填写工作地段各端应挂的接地线。 ◆ 填写工作地段内需加挂的接地线（防感应电、交跨不停电）。 ◆ 对可能送电到停电线路的分支线（包括用户）应挂接地线。 ◆ 配合停电线路在工作地点附近挂的接地线。 ◆ 填写应挂接地线的线路名称、杆塔号及接地线编号	
	（5）工作票签发人、工作负责人签名	◆ 工作票签发人审核本工作票所填项目无误后签名并填写签发日期（可使用电子签名）；承发包工程"双签发"工作票，由双方工作票签发人在"工作票签发人"处分别签名（承包单位不准电子签名）。工作票和工作任务单应同一个工作票签发人签发。 ◆ 工作负责人签名，并记录收到工作票的时间	
确认工作票		◆ 工作负责人、工作许可人确认工作票 1～×项已完成，工作票所填内容与现场实际完全相符，双方分别在签名处签名。 ◆ 使用工作任务单，各小组负责人在工作票上确认签名，并与工作票负责人办理工作任务单许可手续	工作任务单由工作负责人许可
确认工作负责人布置的工作任务和安全措施；工作班组人员签名		◆ 工作许可手续完成后，工作负责人召开站班会，工作班成员在明确了工作负责人、专责监护人交代的工作内容、人员分工、带电部位、现场安全措施和工作危险点后，在工作负责人所持工作票上签名。工作班方可开始工作。 ◆ 工作任务单工作人员在确认工作内容、带电部位和安全措施以及注意事项后在工作任务单上签名，工作小组方可开始工作	
工作负责人变动情况		◆ 由原工作票签发人填写离去和变更的工作负责人姓名，在工作票签发人签名处签名，填写变更时间。工作负责人手中的工作票可经工作票签发人同意后，由工作负责人代签。 ◆ 分工作票（工作任务单）负责人的变更，由工作票签发人同意并通知总工作票负责人，由总工作票负责人填写相关记录并与之办理相关变更手续。 ◆ 专责监护人的变更，由工作负责人变更专责监护人，履行变更手续，并告知全体被监护人员。变更情况记入"备注"栏（专责监护人××离去，变更××为专责监护人，负责监护××地点××工作）	

项目	填写规范	注意事项
作业人员变动情况	◆ 由工作负责人同意，在所持工作票上填写变动人员（含离开不再返回工作地点的人员）姓名、变动日期、时间及所在班组。新增人员在明确了工作负责人交代的工作内容、人员分工、带电部位、现场安全措施和工作危险点后，在工作负责人所持工作票上签名后，方可参加工作。离开现场人员应注明姓名和时间。 ◆ 工作任务单人员变动，在相应的工作任务单上填写	每天准时记录人员变动情况，可加附页
工作票延期	由工作负责人在工期结束前向工作许可人提出延期申请（提前时间应能够保证申请手续完成所需时间）。双方分别签名、填写时间。工作许可人不在现场，工作负责人可通过电话联系办理延期手续，并代签工作许可人姓名	
工作票终结	◆ 工作结束后，拆除现场所挂的接地线，填写现场所挂的接地线编号____共___组，已全部拆除、带回。 ◆ 由小组负责人交回工作任务单，向工作负责人办理工作结束手续。 ◆ 工作负责人做工作终结前检查，待全体工作人员撤离工作地点后，安全措施已全部拆除，汇报工作许可人，并在签名处签名、代签工作许可人姓名【如：×××（代）】并填写终结报告时间、终结报告的方式，工作票方告终结	
备注	◆ 由工作票签发人或工作负责人填写指定专责监护人姓名，被监护人姓名以及具体工作地点、内容。 ◆ 由工作负责人填写因故暂时离开工作现场，指定临时替代人员及履行交接手续。 ◆ 由工作票签发人或工作负责人填写与本工作有关的其他事项	
工作条件和安全措施	◆ 根据现场实际和勘察结果，填写应设置的围栏、标示牌，施工过程中应采取的有关安全措施和注意事项	电力电缆第二种工作票
注意事项（安全措施）	◆ 工作票签发人审核本工作票所填项目无误后签名并填写签发日期（可使用电子签名）。 ◆ 工作负责人签名，并记录收到工作票的时间	线路第二种工作票

三、工作票的执行

工作票执行见图 3-7。

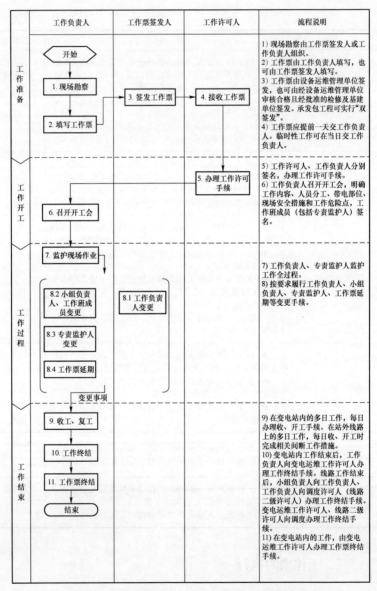

	工作负责人	工作票签发人	工作许可人	流程说明
工作准备	开始 ↓ 1. 现场勘察 ↓ 2. 填写工作票	3. 签发工作票	4. 接收工作票	1) 现场勘察由工作票签发人或工作负责人组织。 2) 工作票由工作负责人填写，也可由工作票签发人填写。 3) 工作票由设备运维管理单位签发，也可由经设备运维管理单位审核合格且经批准的检修及基建单位签发。承发包工程可实行"双签发"。 4) 工作票应提前一天交工作负责人。临时性工作可在当日交工作负责人。
工作开工	6. 召开开工会		5. 办理工作许可手续	5) 工作许可人、工作负责人分别办理工作许可手续。 6) 工作负责人召开开工会，明确工作内容、人员分工、带电部位、现场安全措施和工作危险点，工作班成员（包括专责监护人）签名。
工作过程	7. 监护现场作业 ↓ 8.2 小组负责人、工作班成员变更 8.3 专责监护人变更 8.4 工作票延期 ↓ 变更事项	8.1 工作负责人变更		7) 工作负责人、专责监护人监护工作全过程。 8) 按要求履行工作负责人、小组负责人、专责监护人、工作票延期等变更手续。
工作结束	9. 收工、复工 ↓ 10. 工作终结 ↓ 11. 工作票终结 ↓ 结束			9) 在变电站内的多日工作，每日办理收、开工手续。在站外线路上的多日工作，每日收、开工时完成相关间断工作措施。 10) 变电站内工作结束后，工作负责人向变电运维工作许可人办理工作终结手续。线路工作结束后，小组负责人向工作负责人、工作负责人向调度许可人（线路二级许可）办理工作终结手续。变电运维工作许可人、线路二级许可人向调度办理工作终结手续。 11) 在变电站内的工作，由变电运维工作许可人办理工作票终结手续。

图 3-7　电力线路（电缆）工作票执行流程图

第四节 配电工作票

配电工作票系指配电第一种工作票、配电第二种工作票、配电带电作业工作票、低压工作票、配电故障紧急抢修单，适用于配电线路停电和不停电的工作，其执行流程有工作票的填写与签发、工作许可、工作监护、工作间断转移和工作终结等项目，其主要内容由工作的单位、班组、工作负责人以及工作任务、安全措施等要素组成，涵盖了保证工作安全的组织措施和技术措施。

一、工作票种类及应用

工作票种类及应用见表 3－16。

表 3－16　　　　　　　　　工作票种类及应用

工作票种类	选用规范	注意事项
配电第一种工作票	配电工作，需要将高压线路、设备停电或做安全措施者	
配电工作任务单	若一张停电工作票下设多个小组工作，每个小组应指定工作负责人（监护人），并使用工作任务单	
配电第二种工作票	高压配电（含相关场所及二次系统）工作，与邻近带电高压线路或设备的距离大于配电《安规》表 3－1 规定，不需要将高压线路、设备停电或做安全措施者	
配电带电作业工作票	1）高压配电带电作业。 2）与邻近带电高压线路或设备的距离大于配电《安规》表 3－2、小于表 3－1 规定的不停电作业	
低压工作票	低压配电工作，不需要将高压线路、设备停电或做安全措施者	
配电事故紧急抢修单	配电线路、设备故障紧急处理应填用工作票或配电故障紧急抢修单。非连续进行的故障修复工作，应使用工作票	

二、工作票的填写

工作票的填写见表 3-17。

表 3-17　　　　　　　　　　工　作　票　的　填　写

项目	填写规范	注意事项
单位	填写负责执行工作任务的车间级单位，如配电运检室、电缆运检室、客服分中心等（承发包工程签发的工作票，则填写承包单位名称）	
编号	◆ 工作票统一连续编号，末端编号按照年（两位）+月（两位）+流水号（三位）的顺序组成。 　　使用任务单时，工作票编号为工作票编号+任务单数量组成[如：有 3 份任务单，则编号为：总…1706001（3）]；各任务单编号则由工作票编号+任务单编号组成，如：总…1706001（3）-01；总…1706001（3）-02；总…1706001（3）-03	
工作负责人及班组	◆ 工作负责人（监护人）：填写拟定的工作负责人姓名（经本单位批准公布的人员）。若几个班同时工作时，填写总工作负责人的姓名。 ◆ 班组：填写参加工作的班组名称	
工作班人员	◆ 填写全部人员姓名。 ◆ 使用工作任务单：工作票中工作人员填写各小组负责人姓名及共计人数；工作任务单中填写小组全部人员姓名及人数	
工作任务	◆ 工作地点或设备【注明（变）配电站、线路名称、设备双重名称及起止杆号】 ☞ 在配电线路干线上的工作，填写该线路的名称和工作地段的起止杆号。 ☞ 在配电线路分支线上的工作，填写干线和分支线的名称及分支线工作地段的起止杆号。 ☞ 在变（配）电站工作，填写变（配）电站电压等级、名称及工作设备的双重名称。 ☞ 不同工作地点的工作，分行填写。 ◆ 工作内容 ☞ 对应"工作地点或设备"逐项填写工作内容	

102

项目		填写规范	注意事项
计划工作时间		填写调度部门批复的设备检修时间。无需调度部门批复的工作，按照月度生产计划工作时间或实际工作时间填写	
安全措施	(1)调控或运维人员[变(配)电站、发电厂]应采取的安全措施	◆ 填写调控或运维人员（非工作班组）采取的安全措施： ☞ 断开的变（配）电站（包括用户设备）线路断路器（开关）和隔离开关（刀闸）。合上各侧接地刀闸或装设接地线。悬挂标示牌。 ☞ 断开的线路上需要操作的各端（含分支）断路器（开关）、隔离开关（刀闸）和熔断器，合上的接地刀闸（装设接地线）、悬挂的标示牌。 ☞ 断开的危及线路停电作业，且不能采取相应安全措施的交叉跨越、平行和同杆架设线路（包括用户线路）的断路器（开关）、隔离开关（刀闸）和熔断器。合上的接地刀闸（装设接地线）、悬挂的标示牌。 ☞ 断开的有可能返送电的断路器（开关）、隔离开关（刀闸）和熔断器，合上的接地刀闸（装设接地线）、悬挂的标示牌	
	(2)工作班完成的安全措施	◆ 填写工作班组完成的安全措施： ☞ 断开的线路上需要操作的各端（含分支）断路器（开关）、隔离开关（刀闸）和熔断器，合上的接地刀闸（装设接地线）、悬挂的标示牌。 ☞ 断开的危及线路停电作业，且不能采取相应安全措施的交叉跨越、平行和同杆架设线路（包括用户线路）的断路器（开关）、隔离开关（刀闸）和熔断器。合上的接地刀闸（装设接地线）、悬挂的标示牌。 ☞ 断开的有可能返送电的断路器（开关）、隔离开关（刀闸）和熔断器，合上的接地刀闸（装设接地线）、悬挂的标示牌	
	(3)工作班装设或拆除的接地线	◆ 填写工作地段各端应挂的接地线。 ◆ 填写工作地段内需加挂的接地线（防感应电、交跨不停电）。 ◆ 对可能送电到停电线路的分支线（包括用户）应挂接地线。 ◆ 配合停电线路在工作地点附近挂的接地线。 ◆ 填写应挂接地线的线路名称或设备双重名称和装设位置、接地线编号、装设时间、拆除时间	本栏目设置目的是控制接地线（接地刀闸）的装、拆

项目		填写规范	注意事项
安全措施	(4)配合停电线路应采取的安全措施	填写配合停电线路应拉开的开关、刀闸、熔断器，应装设的标示牌等。本栏目工作由非工作组运维人员执行时，可填于"调控或运维人员［变（配）电站、发电厂］应采取的安全措施"栏内	
	(5)保留或邻近的带电线路、设备	◆ 填写工作地段邻近、平行、交叉或同杆架设的未停电的线路（邻近、平行系指停电线路上、下、左、右方向相邻的输配电线路，对降压运行的线路应填写该线路当前运行电压和降压前电压）名称。 ◆ 同杆架设运行线路的绝缘架空导线视为带电体填写。 ◆ 线路上的柱上断路器（开关）、隔离开关（刀闸）或跌落熔断器（保险），在拉开后一侧有电、一侧无电的设备，应视为带电设备填写	
	(6)其他安全措施和注意事项	根据现场实际和勘察结果，填写应设置的围栏、标示牌，施工过程中应采取的有关安全措施和注意事项	
	(7)工作票签发人、工作负责人签名	◆ 工作票签发人审核本工作票所填项目无误后签名并填写签发日期（可使用电子签名）。 ◆ 工作负责人签名，并记录收到工作票的时间	
其他安全措施和注意事项补充		由工作负责人或工作许可人填写	
工作许可		◆ 工作许可人、工作负责人分别签名。 ◆ 安全措施随工作地点转移的工作，每一项转移工作开工前，工作许可人、工作负责人重新签名	工作任务单由工作负责人许可
工作任务单登记		填写工作任务单编号、工作任务、小组负责人、工作许可时间、工作结束报告时间，其中工作任务单编号、工作任务、小组负责人由工作票填写人填写，工作许可时间、工作结束报告时间由工作负责人填写	

项目		填写规范	注意事项
现场交底,工作班成员确认工作负责人布置的工作任务、人员分工、安全措施和注意事项并签名		◆ 工作许可手续完成后,工作负责人召开站班会,工作班成员在明确了工作负责人、专责监护人交代的工作内容、人员分工、带电部位、现场安全措施和工作危险点后,在工作负责人所持工作票上签名。工作班方可开始工作。 ◆ 使用工作任务单,各小组负责人在工作票上确认签名,与工作票负责人办理工作任务单许可手续;小组工作人员在确认工作任务单工作内容、带电部位和安全措施以及注意事项后在工作任务单上签名,工作小组方可开始工作	
人员变更	工作负责人变动情况	◆ 由原工作票签发人填写离去和变更的工作负责人姓名,在工作票签发人签名处签名,填写变更时间。工作负责人手中的工作票可经工作票签发人同意后,由工作负责人代签。 ◆ 分工作票(工作任务单)负责人的变更,由工作票签发人同意并通知总工作票负责人,由总工作票负责人填写相关记录并与之办理相关变更手续。 ◆ 专责监护人的变更,由工作负责人变更专责监护人,履行变更手续,并告知全体被监护人员。变更情况记入"备注"栏(专责监护人××离去,变更××为专责监护人,负责监护××地点××工作)	
	工作人员变动情况	◆ 由工作负责人同意,在所持工作票上填写新增和离开人员(含离开不再返回工作地点的人员)姓名、变更时间。新增人员在明确了工作负责人交代的工作内容、人员分工、带电部位、现场安全措施和工作危险点后,在工作负责人所持工作票上签名后,方可参加工作。离开人员应注明姓名和时间。 ◆ 分工作票人员变动,在相应的分工作票上填写	每天准时记录人员变动情况,可加附页

105

项目	填写规范	注意事项
工作票延期	◆ 由工作负责人在工期结束前向工作许可人提出延期申请（提前时间应能够保证申请手续完成所需时间）。双方分别签名、填写时间。工作许可人不在现场，工作负责人可通过电话联系办理延期手续，并代签工作许可人姓名	
每日收工和开工记录	◆ 每日收工时工作负责人填写收工时间、工作负责人、工作许可人，每日开工时工作负责人填写开工时间、工作许可人、工作负责人。工作许可人不在现场时，经工作许可人同意，由工作负责人代签	使用一天的工作票不必填写
工作终结	◆ 工作结束后，拆除现场所装设的接地线，填写工作班现场所装设的接地线共____组、个人保安线共____组已全部拆除。 ◆ 由小组负责人交回工作任务单，向工作负责人办理工作结束手续。工作负责人做工作终结前检查，待全体工作人员撤离工作地点后，安全措施已全部拆除，汇报工作许可人，在签名处签名、代签工作许可人姓名【如：×××（代）】并填写终结的线路或设备、终结报告时间、终结报告方式，工作票方告终结。 ◆ 安全措施随工作地点转移的工作，每一项转移工作结束，履行一次终结手续	
备注	◆ 由工作票签发人或工作负责人填写指定专责监护人姓名，被监护人员姓名以及具体工作地点、内容。 ◆ 由工作负责人填写因故暂时离开工作现场，指定临时替代人员及履行交接手续。 ◆ 由工作票签发人或工作负责人填写与本工作有关的其他事项	
工作条件和安全措施	◆ "停电"或"不停电"的条件系指工作对象要求的工作条件，即：检修某一设备或在某一设备区工作，需要停电时则填写"××设备停电"，不需停电时填写"××设备不停电"。 ◆ 填写邻近或保留的带电设备名称。 ◆ 填写现场应采取的安全措施	配电第二种工作票

三、工作票的执行

工作票的执行见图3-8。

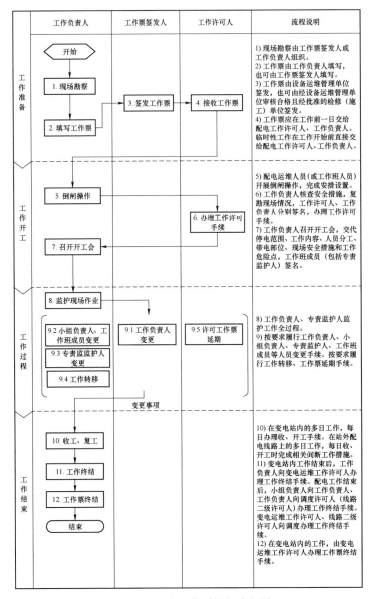

	工作负责人	工作票签发人	工作许可人	流程说明

工作准备

1. 现场勘察
2. 填写工作票
3. 签发工作票
4. 接收工作票

1) 现场勘察由工作票签发人或工作负责人组织。
2) 工作票由工作负责人填写，也可由工作票签发人填写。
3) 工作票由设备运维管理单位签发，也可由经设备运维管理单位审核合格且经批准的检修（施工）单位签发。
4) 工作票应在工作前一日交给配电工作许可人、工作负责人。临时性工作在工作开始前直接交给配电工作许可人、工作负责人。

工作开工

5. 倒闸操作
6. 办理工作许可手续
7. 召开开工会

5) 配电运维人员（或工作班人员）开展倒闸操作，完成安措设置。
6) 工作负责人核查安全措施，复勘现场情况，工作许可人、工作负责人分别签名，办理工作许可手续。
7) 工作负责人召开开工会，交代停电范围、工作内容、人员分工、带电部位、现场安全措施和工作危险点，工作班成员（包括专责监护人）签名。

工作过程

8. 监护现场作业
9.2 小组负责人、工作班成员变更
9.3 专责监护人变更
9.4 工作转移
9.1 工作负责人变更
9.5 许可工作票延期

变更事项

8) 工作负责人、专责监护人监护工作全过程。
9) 按要求履行工作负责人、小组负责人、专责监护人、工作班成员等人员变更手续。按要求履行工作转移、工作票延期手续。

工作结束

10. 收工、复工
11. 工作终结
12. 工作票终结
结束

10) 在变电站内的多日工作，每日办理收、开工手续。在站外配电线路上的多日工作，每日收、开工时完成相关间断工作措施。
11) 变电站内工作结束后，工作负责人向变电运维工作许可人办理工作终结手续。配电工作结束后，小组负责人向工作负责人、工作负责人向调度许可人（线路二级许可人）办理工作终结手续。变电运维工作许可人向调度办理工作终结手续。
12) 在变电站内的工作，由变电运维工作许可人办理工作票终结手续。

图 3-8 配电工作票执行流程图

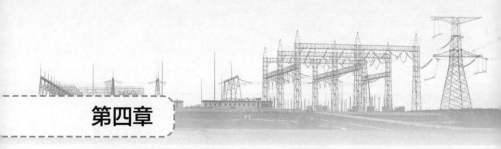

第四章

作 业 票

　　为实施某一特定工作任务或对作业场所的组织管理,明确工作人员分工、工作任务、安全措施要求等内容,以及配合检修工作票开展工作而使用的特殊票种。该类票种可独立使用,但在涉及运用中电气设备以及有关的场所时,应作为检修工作票的附属票种,不能替代检修工作票,需依据作业票的种类和应用原则正确使用作业票。

📋 第一节　作业票简述

一、作业票的种类

　　作业票按照不同的作业性质及应用场所分类为:安全施工作业票、现场勘查记录、二次工作安全措施票、动火工作票。

　　安全施工作业票:是为组织电力工程项目施工,落实施工各有关方安全责任,实施作业策划、明确工作任务而使用的专用票种,适用于电力线路的杆塔、架线工程,变电站建筑工程、电气设备安装等工作,有安全施工作业票A、作业票B之分,作业票A适用于二级及以下风险的施工作业,作业票B适用于三级及以上风险的施工作业。

　　现场勘察记录:系指针对工作任务,对作业现场停电范围、保留带电部位、装设接地线位置以及作业现场的条件、环境及其作业危险点等,提前进行实地勘查后填写的书面记录。

　　二次工作安全措施票:系指在二次回路(装置)上的工作时,

明确回路拆、接线的项目和顺序，对检修设备实施隔离，防止发生二次回路误动、误碰、误接线的保安措施票，适用于在运行设备的二次回路上进行拆、接线的工作。

现场勘察记录和二次工作安全措施票，仅适用于开展既定的单项工作，均不能应用于检修工作的许可及终结使用。

动火工作票：系指在防火重点部位或场所以及禁止明火区动火作业时使用的专用工作票，为动火作业专用票种，适用于输、变、配电生产场所不同区域的动火作业，有一级动火工作票和二级动火工作票之分，凡在一级动火区的动火作业，应填用一级动火工作票，在二级动火区的动火作业，则应填用二级动火工作票。

二、作业票的应用原则

安全施工作业票、动火工作票为专用作业票，不同的专用票种适用于特定的作业任务和工作环境（对象），在选用前要严格区分作业性质，选填相应种类的专用作业票。工作中，要根据作业风险等级或环境影响程度的变化，及时调整专用票种的类别，以便于实施相应的风险防控措施，或应用"向下"兼容的方式，选用高一等级票种组织作业。如：使用作业票 A 从事的电力项目施工，对应"工程阶段"的动态风险等级加大，不能满足作业组织管控的要求时，应终止作业票 A 的执行，更换为作业票 B 再行组织施工。再如：二级动火区域的作业，在火灾危险性、影响后果增大时，要按照新的工作区域动火标准，终止二级动火工作票的作业，变更为一级动火工作票后，再行组织作业。

📋 第二节　安全施工作业票

安全施工作业票是组织电力工程项目施工作业的书面依据，

是落实工程项目业主、施工、监理三方安全责任，实施作业策划、明确工作任务及人员、危险源辨识及预控措施等全过程管控的有效载体。

一、作业票种类及应用

作业票种类及应用见表4-1。

表4-1 作业票种类及应用

工作票种类	选用规范	注意事项
安全施工作业票A	适用于二级及以下风险的施工作业	分五级风险：一级最低，五级最高
安全施工作业票B	适用于三级及以上风险的施工作业	

二、作业票的填写

作业票的填写规范及注意事项见表4-2。

表4-2 作业票的填写规范及注意事项

项目	填写规范	注意事项
工程名称	填写工程项目用名（与公章、文件工程名称一致）。如：××公司××kV××变电站建设工程项目	
编号	作业票统一连续编号，末端编号可按照工程简称+年（两位）+月（两位）+流水号（三位）的顺序组成（如：输电…1706001、变电…1706002、……等）	
施工班组（队）	填写施工队（公司、工区、班组）名称	
工程阶段	参照作业项目类别，填写工程阶段	参照附录D
作业内容(可多项)	填写某一具体的施工作业内容。如"基础混凝土浇筑""铁塔组立""线路放线""变压器安装"等	

项目	填写规范	注意事项
作业部位（可多地点）	◆ 对应工程阶段、作业内容等，逐一填写施工作业的具体地点。 ☞ 线路施工，填写电压等级、名称和杆塔编号或起止编号； ☞ 变电施工，填写带有电压等级的施工站（所）名称和具体施工位置； ☞ 火电及其他施工，填写施工项目或标段名称和具体施工位置；如"××变电站××kV配电装置××间隔""××kV××输电线路××号（或××号～××号）杆塔""××发电厂扩建工程××标段××号主厂房××号发电机"等	
执行方案名称	填写经批准后的安全施工方案名称	
动态风险等级	填写在作业特定情况下，施工作业过程中存在的评估后安全风险（D2值）	风险等级变化，应重新办理作业票
施工人数	填写参加施工的全部人员数量（不含作业负责人）	
计划开始时间	填写本工程项目批准的计划开始时间（___年___月___日）	
实际开始时间	填写本工程项目实际开始时间（___年___月___日）	
实际结束时间	填写本工程项目实际结束时间（___年___月___日）	
主要风险	针对施工任务、作业环境、作业方法、施工机具及是否邻近带电设备等进行危险点辨识，填写主要作业风险（如铁塔组立施工的高空落物、高处坠落风险，基础开挖施工的踏空风险等）	
作业负责人	填写本工程项目的作业负责人姓名	人员变更填写备注栏
专责监护人（多地点作业应分别设监护人）	逐一填写经指定的专责监护人姓名及监护作业地点	人员变更填写备注栏

项目	填写规范	注意事项
具体分工（含特殊工种作业人员）	◆ 逐项填写具体施工人员的姓名、人数和具体工作任务。 ☞ 若同一施工作业项目，施工班分成若干作业小组时，逐一填写各小组的负责人姓名、人数和具体工作任务，并视工作需要，增设专责监护人。 ☞ 特殊工种作业单独填写	人员变更填写备注栏
其他作业人员	填写指定从事人力作业（如抬、扛、挖等）的劳务配合人员姓名	
作业必备条件及班前会检查	对作业票所列内容逐项检查，对应"是、否"打"√"号	
作业过程预控措施及落实	依据施工措施方案及风险防控措施项目，逐项填写预控措施内容及落实情况，对应"是、否"打"√"号	
现场变化情况及补充安全措施	填写因作业现场变化等，所采取的补充安全措施	
作业人员签名	作业负责人带领作业人员进入工作现场，宣读本作业票内容，向全体作业人员交待作业任务、作业分工、安全措施和注意事项，告知危险因素。每位作业人员确认作业负责人布置的任务和现场安全措施正确完备后，在施工负责人收执的安全施工作业票上分别签名，工作方可开工	
编制人（作业负责人）	作业票编制人签名	
审核人（安全、技术）	安全员、技术负责人，针对本票所列施工任务及人员安排、主要危险点辨识及安全控制措施的符合性、必要性、完备性及可操作性依次审查合格并签名。必要时，填写补充安全措施	
签发人（施工队长）	◆ 作业票签发人审查作业票各项内容齐全、完备，在签名处签名。 ☞ 二级及以下风险施工（A票）由施工队长签发。 ☞ 三级及以上风险施工（B票），由施工项目部经理签发	
签发日期	填写作业票签发日期（__年__月__日）	

项目	填写规范	注意事项
监理人员（三级及以上风险）	三级及以上作业风险，监理人员审核作业票（B票）合格，在签名处签名	
业主项目部（四级及以上风险）	四级及以上作业风险，业主项目部审核作业票（B票）合格，在签名处签名	
备注	◆ 作业负责人、作业人员、专责监护人变更，填写变更人员姓名及时间，作业负责人、变更人员履行安全技术交底和确认手续，双方签名。 ◆ 其他未完全表述内容填写本栏	

三、作业票的执行

作业票的执行流程见图4-1。

四、有关事项的处理方法

（一）关于一张作业票的应用

一个作业负责人同一时间只能使用一张作业票。

一张作业票只能用于一个具体的施工作业项目，或者同一施工阶段的若干个连续施工作业工序（所谓一个具体的施工作业项目，系指在同一施工阶段、同一作业负责人，且作业性质相同或前后工序紧密相连、不宜分割的施工作业项目）。

不同地点、依次进行的若干个同一类型施工作业项目，可以填用一张作业票（所谓同一类型作业项目，系指作业方法、步骤和安全技术措施相同或一致的作业项目。如：采取同样方法和安全措施依次进行的若干基电杆组立作业）。

（二）关于作业票的应用范围

安全施工作业票与安全施工方案不能相互替代。

填用安全施工作业票的工作，如需设备运行单位将运用中的设备（如电气设备、热力机械设备等）停电（停运）或做安全措

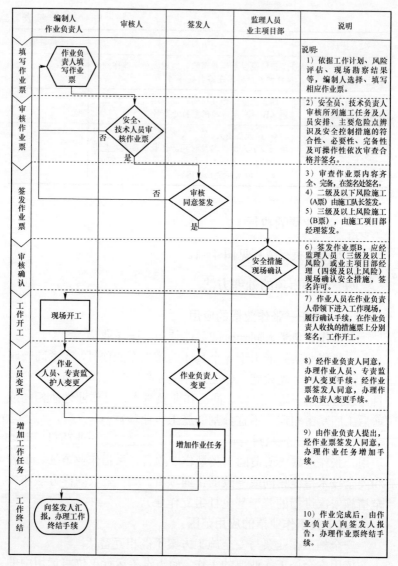

图 4-1 安全施工作业票执行流程

114

施者，应按规定填用电气（热力机械）工作票；在易燃、易爆区域动用明火作业时，应按规定办理相应等级的动火工作票。安全施工作业票不得代替工作票。

作业票计划工作时间，不能超出检修工作票计划工作时间。

（三）关于作业票的签发手续

作业开工，作业负责人应向全体作业人员履行开工、确认手续后，方可开工。其中作业票 B（三级及以上风险）由监理人员现场确认安全措施，并履行签名许可手续；四级及以上风险的作业票，履行监理人员、业主项目部经理"双签名"许可手续后，方可开工。

（四）关于作业票的有效期

施工周期超过一个月或一项施工作业工序已完成、重新开始统一类型其他地点的作业，应重新审查安全措施和交底；交底、确定信息填写在备注栏。

（五）关于作业票的填写

安全施工作业票应用钢笔或圆珠笔填写，一式两份，一份由作业负责人收执并随身携带，另一份由作业票签发人或项目部留存备查。

填写与本施工相关而在其他栏目无法填写的内容，如人员变动、新增任务、配合措施（如电气工作票、热力机械工作票或动火工作票等）的所属关系等，以及其他说明事项，应填写在"备注"栏。

（六）关于作业票的分级审核、签发

作业票由签发人审查各项内容齐全、完备签名签发。其中：二级及以下风险施工（A 票）由施工队长签发，三级及以上风险施工（B 票），由施工项目部经理签发。

三级及以上风险施工（B 票），经监理人员审核作业票（B 票）合格并签名；四级及以上作业风险，须经业主项目部审核作业票（B 票）合格并签名。

（七）关于作业票的审查事项

作业票上的时间、工作地点、主要内容、主要风险等关键字不得涂改。存在下列情况之一者视为不合格作业票：

（1）缺项、漏项或无编号、错误编号；

（2）作业内容、作业部位（地点）填写不准确或模糊不清；

（3）技工、劳务人数不清，人员分工不清，或未指定安全专责监护人；

（4）关键字遗漏或字迹模糊、不易辨认者；

（5）主要风险辨识不全面、不具体、与实际不符或安全措施不具体、可操作性不强；

（6）各类人员未按规定签名，审核人及作业票签发人未签署明确意见；

（7）安全施工作业票遗失按无票处理。

第三节　现场勘察记录

现场勘察记录系指针对工作任务，对作业现场停电范围、保留带电部位、装设接地线位置以及作业现场的条件、环境及其作业危险点等，提前进行实地勘查后填写的书面记录。是填写与签发工作票的重要依据。

一、现场勘察记录的种类

现场勘察记录的种类及选用规范见表 4-3。

表 4-3　　　　现场勘察记录的种类及选用规范

工作票种类	选用规范	注意事项
变电作业现场勘查记录	适用于变电站各类作业现场的勘察	
线路作业现场勘查记录	适用于输电线路作业现场的勘察	
配电作业现场勘察记录	适用于配电线路作业现场的勘察	

二、现场勘察记录的填写

现场勘察记录的填写项目及规范见表4-4。

表4-4 现场勘察记录的填写项目及规范

项目	填写规范	注意事项
勘察单位	填写负责实施现场勘察任务的单位名称。如：职能部室、专业室、班组名称等	
编号	现场勘察记录统一连续编号，末端编号可按照单位简称+年（两位）+月（两位）+流水号（三位）的顺序组成（如：输电…1706001）	
勘察负责人	填写组织电力设备（设施）施工、检修作业现场勘察负责人的姓名（如专业室负责人、工作票签发人、工作负责人；并将现场勘察记录使用情况记录在有关记录簿上）	
勘察人员	◆ 填写参加现场勘察全部人员姓名。应包括工作负责人、小组负责人及勘察负责人认为有必要参加的人员。 ☞ 勘察人员不少于2人（含勘察负责人）	
勘察的设备名称或设备的双重名称	◆ 填写现场勘察的设备双重名称（无双重名称者除外）。 ☞ 填写停电线路电压等级和名称。如只有支线停电，应填写干线和支线的全称。 ☞ 若系同杆架设多回线路，应填写停电线路的双重称号（即线路双重名称和位置称号，位置称号指上线、中线或下线和面向线路杆塔号增加方向的左线或右线），同时应注明线路色标的颜色	
工作任务（工作地点或地段以及工作内容）	◆ 填写实际工作地点或地段及与之对应的工作内容（所填写工作任务应与勘察设备相对应）。 ☞ 在线路干线上的工作，填写该线路的名称和工作地段的起止杆（塔）号及工作内容。 ☞ 在线路分支线上的工作，填写干线和分支线的名称及分支线工作地段的起止杆（塔）号及工作内容	

项目		填写规范	注意事项
现场勘察内容	需要停电的范围	◆ 填写需要停电的设备及范围(停电设备使用设备双重名称)。 ☞ 停电线路的名称、工作地段及起止杆(塔)编号。 ☞ 若在分支线上的工作,填写干线和分支线的名称及分支线工作地段的起止杆(塔)编号。 ☞ 需同时停电的交叉跨越、平行和同杆架设等线路的双重名称。 ☞ 涉及其他单位配合停电的线路双重名称	
	保留的带电部分	◆ 填写工作地点周围设备带电情况。 ☞ 填写工作地段邻近、平行、交叉或同杆架设的未停电的线路(邻近、平行指停电线路上、下、左、右方向相邻的输配电线路,对降压运行的线路应填写该线路当前运行电压和降压前电压)名称。 ☞ 同杆架空运行线路的绝缘架空导线视为带电体填写。 ☞ 线路上的柱上断路器(开关)、隔离开关(刀闸)或跌落熔断器,在拉开后一侧有电、一侧无电的设备,应视为带电设备填写	
	作业现场的条件、环境及其他危险点	填写作业现场的生产条件(包括有必要记录的设备型号、参数,勘察发现的隐患、缺陷,污秽情况等)和安全设施状况,工作人员劳动防护用品的配备意见,作业现场所处的地形、地貌、环境条件以及其他危险点等	
	应采取的安全措施	☞ 应改为检修状态的线路间隔名称和应拉开其所属发电厂、变电站、换流站、开闭所、配电站(所)的断路器(开关)、隔离开关(刀闸)、熔断器(包括分支线、用户线路和配合停电线路)。 ☞ 拉开线路上需要操作的各端(含分支)断路器(开关)、隔离开关(刀闸)和熔断器。 ☞ 拉开有可能返回低压电源的断路器(开关)、隔离开关(刀闸)或跌落熔断器(包括分支线、用户线路)。 ☞ 拉开危及线路停电作业安全,且不能采取相应安全措施的交叉跨越、平行和同杆架设线路(包括用户线路)的断路器(开关)、隔离开关(刀闸)和熔断器。 ☞ 现场施工、检修应采取的其他安全措施	使用设备双重名称

	项目	填写规范	注意事项
现场勘察内容	附图与说明	针对现场勘察情况，进行绘图示意和填写必要的说明	
其他	作业项目	填写施工类别的作业项目名称。如机械装卸、土石方开挖、变压器安装等	参照目录见附录D
	作业地点	填写具体的作业地点	
	固有风险评估等级	填写经评估后的正常情况下施工作业过程中存在的安全风险等级（D1 值）	
记录人签名		由记录人签名并填写勘察日期（年、月、日）	

三、现场勘察记录的执行

现场勘察执行流程见图 4-2。

第四节　二次工作安全措施票

二次工作安全措施票系指填写设备（装置）二次回路拆、接线作业项目和顺序，对检修设备实施隔离，防止发生二次回路误动、误碰、误接线的保安措施票，适用于在运行设备的二次回路上进行拆、接线的工作。

一、二次工作安全措施票的填写

二次工作安全措施票的填写见表 4-5。

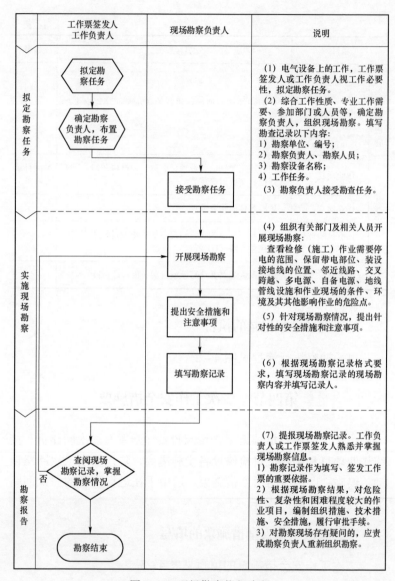

	工作票签发人 工作负责人	现场勘察负责人	说明
拟定勘察任务	拟定勘察任务 确定勘察负责人，布置勘察任务	接受勘察任务	(1) 电气设备上的工作，工作票签发人或工作负责人视工作必要性，拟定勘察任务。 (2) 综合工作性质、专业工作需要、参加部门或人员等，确定勘察负责人，组织现场勘察。填写勘查记录以下内容： 1) 勘察单位、编号； 2) 勘察负责人、勘察人员； 3) 勘察设备名称； 4) 工作任务。 (3) 勘察负责人接受勘查任务。
实施现场勘察		开展现场勘察 提出安全措施和注意事项 填写勘察记录	(4) 组织有关部门及相关人员开展现场勘察： 　查看检修（施工）作业需要停电的范围、保留带电部位、装设接地线的位置、邻近线路、交叉跨越、多电源、自备电源、地线管线设施和作业现场的条件、环境及其他影响作业的危险点。 (5) 针对现场勘察情况，提出针对性的安全措施和注意事项。 (6) 根据现场勘察记录格式要求，填写现场勘察记录的现场勘察内容并填写记录人。
勘察报告	查阅现场勘察记录，掌握勘察情况 否 勘察结束		(7) 提报现场勘察记录。工作负责人或工作票签发人熟悉并掌握现场勘察信息。 1) 勘察记录作为填写、签发工作票的重要依据。 2) 根据现场勘察结果，对危险性、复杂性和困难程度较大的作业项目，编制组织措施、技术措施、安全措施，履行审批手续。 3) 对勘察现场存有疑问的，应责成勘察负责人重新组织勘察。

图 4-2　现场勘察执行流程

表 4-5 　　　　　　　　二次工作安全措施票和填写

项目	填写规范	注意事项
单位	填写负责执行工作任务的车间级单位和班组名称，如变电检修室变电二次运检班等	
编号	二次工作安全措施票统一连续编号，末端编号可按照单位简称+年（两位）+月（两位）+流水号（三位）的顺序组成（如：变电…1706001）	
被试设备名称	填写被拆、接线的设备（装置）名称（如：500kV济南线保护屏××装置××端子）	
工作负责人	负责该项工作的电气工作负责人（与工作票一致），负责二次工作安全措施票的填写，并在工作负责人姓名处签名（若执行总分票，则由该分票工作负责人填写并签名）	
工作时间	填写拆、接线工作需要的计划工作时间（不能超出该工作票计划工作时间）	
签发人	签发人（专业室技术人员、本班组班长）审核措施票合格，在签发人签名处签名	
工作内容	对应"被试设备名称"填写具体工作内容（××装置传动，××装置安装、调试等）	
安全措施内容	安全措施：包括应打开及恢复压板、直流线、交流线、信号线、联锁线和联锁开关等，按工作顺序填用安全措施。如： ☞ 核对和恢复后检查的保护屏（装置）压板状态、接线位置、定值区名称。 ☞ 打开和恢复的保护装置或自动装置跳闸压板、交直流回路切换压板。 ☞ 断开和恢复的直流回路接线回路编号以及采取的安全措施（如进行绝缘包扎处理等）。 ☞ 短接和恢复的 TA 二次回路和断开的负荷侧接线回路编号以及采取的安全措施。 ☞ 断开和恢复的 TV 二次接线回路编号和位置编号以及采取的安全措施。 ☞ 断开和恢复的各类信号（含遥测、遥控信号）回路编号和位置编号以及采取的安全措施。	

项目	填写规范	注意事项
安全措施内容	☞ 断开和恢复的各联锁回路接线、各联锁开关回路编号和位置编号以及采取的安全措施。 ☞ 工作负责人认为有必要填写的内容。安全措施内容涉及多个屏（装置），应在每项内容中注明所在屏（装置）的名称	
执行人、监护人	安全措施内容执行前，由执行人、监护人分别在签名处签名	
恢复人、监护人	安全措施内容恢复前，由恢复人、监护人分别在签名处签名	

二、二次工作安全措施票的执行

二次工作安全措施票的执行见图 4-3。

📋 第五节　动火工作票

动火作业工作票系指在防火重点部位或场所以及禁止明火区动火作业时使用的专用工作票，根据动火管理级别划分，其执行方式有一级动火工作票和二级动火工作票。其主要内容包括动火作业的内容、采取的防范措施以及应履行的签发、审批手续等。动火工作票为动火作业专用票种。

一、动火工作票的填写

动火工作票的填写见表 4-6。

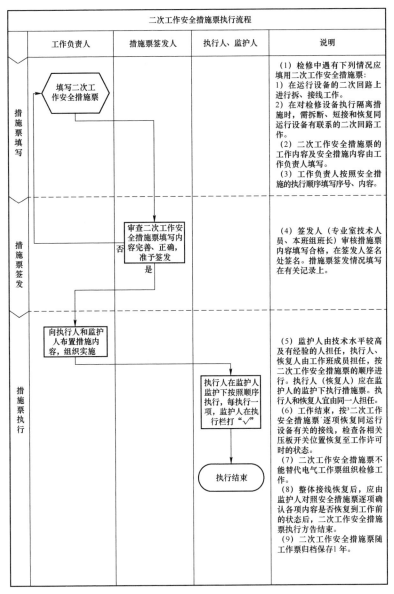

	工作负责人	措施票签发人	执行人、监护人	说明
措施票填写	填写二次工作安全措施票			(1) 检修中遇有下列情况应填用二次工作安全措施票: 1) 在运行设备的二次回路上进行拆、接线工作。 2) 在对检修设备执行隔离措施时，需拆断、短接和恢复同运行设备有联系的二次回路工作。 (2) 二次工作安全措施票的工作内容及安全措施内容由工作负责人填写。 (3) 工作负责人按照安全措施的执行顺序填写序号、内容。
措施票签发		审查二次工作安全措施票填写内容完善、正确，准予签发 否 是		(4) 签发人（专业室技术人员、本班组班长）审核措施票内容填写合格，在签发人签名处签名。措施票签发情况填写在有关记录上。
措施票执行	向执行人和监护人布置措施内容，组织实施		执行人在监护人监护下按照顺序执行，每执行一项，监护人在执行栏打"√" 执行结束	(5) 监护人由技术水平较高及有经验的人担任，执行人、恢复人由工作班成员担任，按二次工作安全措施票的顺序进行。执行人（恢复人）应在监护人的监护下执行措施票。执行人和恢复人宜由同一人担任。 (6) 工作结束，按二次工作安全措施票逐项恢复同运行设备有关的接线，检查各相关压板开关位置恢复至工作许可时的状态。 (7) 二次工作安全措施票不能替代电气工作票组织检修工作。 (8) 整体接线恢复后，应由监护人对照安全措施票逐项确认各项内容是否恢复到工作前的状态后，二次工作安全措施票执行方告结束。 (9) 二次工作安全措施票随工作票归档保存1年。

二次工作安全措施票执行流程

图 4-3　二次工作安全措施票执行流程

表 4－6	动火工作票的填写	
项目	填写规范	注意事项
单位（车间）	填写负责执行工作任务的车间级单位名称，如变电检修室、配电运检室等	
编号	动火工作票统一连续编号，编号前冠以英文字母"DH"表示动火工作票。末端编号可按照单位简称+年（两位）+月（两位）+流水号（三位）的顺序组成（如：DH…1706001）	
动火工作负责人	填写经本单位书面公布的具备检修工作负责人资格动火工作负责人（可与检修工作票工作负责人为同一人）	
班组	填写动火工作负责人所在班组名称	
动火执行人	填写实施焊接、切割等动火作业的全部人员姓名（非单一方式或多人参加的动火作业，对应人员注明动火方式）。特种作业应持有相关部门颁发的有效资格证书	
动火地点及设备名称	填写动火作业的具体地点（部位），电气设备动火作业应使用设备双重名称	
动火工作内容（必要时可附页绘图说明）	针对动火地点及设备名称，对应填写具体、详细的作业内容；必要时可附页绘图说明	
动火方式（动火方式可填写焊接、切割、打磨、电钻、使用喷灯等）	选项填写作业方式（可单项或多项选择；应与动火执行人相符）。选项外动火方式，针对具体动火作业填写	
申请动火时间	填写申请动火作业的起止时间（应不超出该检修工作票的计划工作时间和规定的该类动火工作票有效期时间）	
（设备管理方）应采取的安全措施	针对动火作业级别划定的范围和工作对象以及作业现场的实际情况，填写应采取的安全措施。包括对设备采取的停电措施，对作业对象、邻近设备、作业现场等采取的隔离措施，对注油（气）设备采取的安全技术措施，对环境条件处理、消防器材配备及其他事项等	
（动火作业方）应采取的安全措施	针对动火作业级别划定的范围和工作对象以及作业现场的实际情况，填写应采取的安全措施。包括动火作业的方法与程序、消防器材的使用、材料及工器具管理、气瓶的使用、消除残留火种与现场清理、作业人员监护与管理以及其他要求等	

项目	填写规范	注意事项
动火工作票签发人签名	◆ 经动火工作票签发人审查合格，在签发人签名处签名，填写签发日期。 ◆ 动火作业方消防管理部门负责人、安监部门负责人审核合格，分别在签名处签名。 ◆ 分管生产的领导或技术负责人（总工程师）审查合格并签名	
确认上述安全措施已执行	◆ 动火工作负责人确认上述安全措施已执行，在签名处签名。 ◆ 运维许可人确认上述安全措施已执行，在签名处签名并填写许可时间	
应配备的消防设施和采取的消防措施、安全措施已符合要求。可燃性、易爆气体含量或粉尘浓度测定合格	◆ 应配备的消防设施和采取的消防措施、安全措施已符合要求。可燃性、易爆气体含量或粉尘浓度测定合格 ☞ （动火作业方）消防监护人在签名处签名。 ☞ （动火作业方）安监部门负责人在签名处签名。 ☞ （动火作业方）消防管理部门负责人在签名处签名。 ☞ 动火部门负责人在签名处签名。 ☞ 动火工作负责人、动火执行人在签名处签名。 ☞ 分管生产的领导或技术负责人（总工程师）在签名处签名。 ☞ 动火工作负责人填写许可动火时间	依据相应动火工作票面格式要求填写
动火工作终结	◆ 确认动火作业已完毕，作业现场符合工作终结条件，办理动火工作票终结手续。 ☞ 动火工作负责人填写动火工作结束时间。 ☞ 动火执行人、（动火作业方）消防监护人分别签名。 ☞ 动火工作负责人、运维许可人分别签名	
备注	◆ 填写对应的检修工作票、工作任务单和事故紧急抢修单的编号。 ◆ 其他事项	
盖"已终结/作废""合格/不合格"章	全部动火工作完毕，经四方签名后（若动火工作与运维无关，则三方签名），由运维许可人在四份（三份）工作票首页右上方盖"已终结"印章。 在工作票左上角"合格/不合格"标记处加盖相应印章	

二、动火工作票的执行

动火工作票的执行流程见图 4-4。

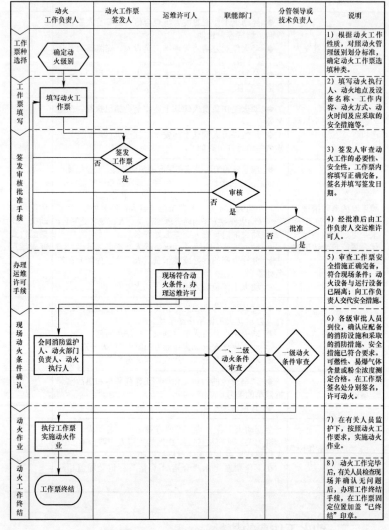

图 4-4 动火工作票执行流程

126

三、有关事项的处理方法

（一）动火工作票的选用

在重点防火部位或场所以及禁止明火区动火作业，应填用动火工作票（填写规范见表4-6）。

（1）在一级动火区动火作业（是指火灾危险性很大，发生火灾时后果很严重的部位或场所），应填用一级动火工作票。

一级动火范围：油区和油库围墙内；油管道及与油系统相连的设备，油箱（除此之外的部位列为二级动火区域）；危险品仓库及汽车加油站、液化气站内；变压器等注油设备、蓄电池室（铅酸）；其他需要纳入一级动火管理的部位。

（2）在二级动火区动火作业（是指一级动火区以外的所有防火重点部位或场所以及禁止明火区），应填用二级动火工作票。

二级动火范围：油管道支架及支架上的其他管道；动火地点有可能火花飞溅落至易燃易爆物体附近；电缆沟道（竖井）内、隧道内、电缆夹层；调度室、控制室、通信机房、电子设备间、计算机房、档案室；其他需要纳入二级动火管理的部位。

（二）动火工作票的填写

动火工作票由动火工作负责人填写。动火工作票签发人不准兼任该项工作的工作负责人。动火工作票的审批人、消防监护人不得签发动火工作票。

（三）动火工作票的审批、签发

动火工作票严格履行签发、审核、批准手续。

（1）一级动火工作票由申请动火单位的动火工作票签发人签发，单位安监负责人、消防管理负责人审核，单位分管生产的领导或技术负责人（总工程师）批准，必要时还应报当地公安消防部门批准。

（2）二级动火工作票由申请动火单位的动火工作票签发人签发，单位安监人员、消防人员审核，动火单位分管生产的领导或技术负责人（总工程师）批准。

（3）外单位实施的动火作业，也可由动火单位和设备运行管理单位实行"双签发"，即由动火作业方签发工作票后，再由设备运行管理方签发。

（四）动火工作票有关人员资格

一、二级动火工作票签发人应是经本单位（动火单位或设备运维管理单位）考试合格并经本单位批准且公布的有关部门负责人、技术负责人或经本单位批准的其他人员。

（1）动火工作负责人应是具备检修工作负责人资格并经考试合格的人员。

（2）动火执行人应具备有关部门颁发的合格证。

（五）首次一级动火作业

一级动火在首次动火时，各级审批人和动火工作票签发人均应到现场检查防火安全措施是否正确完备，测定可燃气体、易燃液体的可燃气体含量是否合格，并在监护下作明火试验，确无问题后方可动火。

（六）动火工作票的使用范围

动火工作票不准代替设备停复役手续或检修工作票、工作任务单和事故紧急抢修单，并应在动火工作票上注明检修工作票、工作任务单和事故紧急抢修单的编号。

（七）动火工作票的收执

动火工作票一般至少一式三份，一份由动火工作负责人收执、一份由动火执行人收执、一份保存在安监部门或具有消防管理职责的部门（一级动火票）、动火部门（二级动火票）。若动火工作与运行有关，即需要运维人员对设备系统采取隔离、冲洗等防火安全措施者，还应多一份交运维人员收执。

（八）动火工作票的终结及存档

动火工作完毕后，动火执行人、消防监护人、动火工作负责人和运维许可人应检查现场有无残留火种，是否清洁等。确认无问题后，在动火工作票上填明动火工作结束时间，经四方签名后（若动火工作与运行无关，则三方签名即可），盖上"已终结"印章，动火工作方告终结。

经检查合格的工作票，在工作票左上角"合格/不合格"标记处加盖相应印章。

动火工作票应随工作票归档保存 1 年。

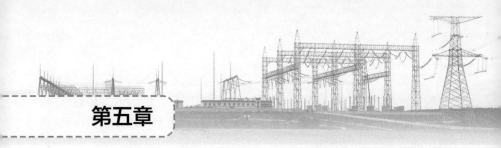

第五章

应 用 实 例

本章以变电站、电力线路停电检修工作为素材，列举了变电、输电、配电"两票"的填写格式，关联有关章节内容，可直观的查看"两票"的填写方法，理解规程的应用方式，在实际工作中可对照实例参考应用。

第一节　倒闸操作票应用实例

一、素材

（1）申请单位：检修公司　检修班、变压器班、试验班。

（2）停电设备：110kV 白玉变电站 1 号主变及两侧开关。

（3）工作内容：1 号主变试验、本体加油，1101、101 开关检修试验。

（4）申请停电时间：2017 年 07 月 22 日 07:00－16:00。

（5）批准停电时间：2017 年 07 月 22 日 07:00－16:00。

（6）作业现场条件：本站 110kV 设备为 GIS 设备，两回进线、内桥接线方式、分段运行，两台主变各代 10kV I 段母线、母线分段运行。均为实现远方遥控操作功能，10kV 开关为中置式手车开关。检修方式下，110kV I 、Ⅱ母和 10kV I 、Ⅱ母运行。保护装置配置：主变保护配置为国电南瑞 NSR－378D 型保护或四方CSR－22A 变压器本体保护装置、CST220B 变压器后备保护装置、CST31A 变压器主保护。10kV 分段备自投装置。

（7）接线图见图 5－1。

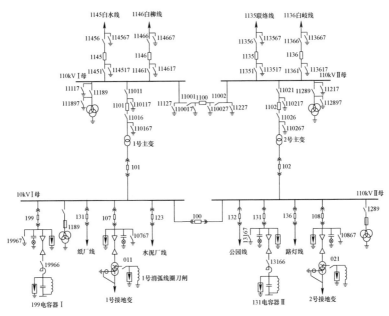

图 5-1 110kV 白玉变电站主接线图

二、停电倒闸操作票应用实例

停电倒闸操作票应用实例见表 5-1。

表 5-1 1 号主变由运行转检修

顺序	操 作 项 目
1	停用 1 主变投不接地零序压板××LP
2	检查 1 主变中性点 1-D10 接地刀闸方式开关确在"就地"位置
3	合上 1 主变中性点 1-D10 接地刀闸电机电源开关××KK
4	合上 1 主变中性点 1-D10 接地刀闸
5	检查 1 主变中性点 1-D10 接地刀闸确已合好
6	检查 1、2 主变有载调压开关分头位置一致

顺序	操 作 项 目
7	检查 1 主变停电后 2 主变不过负荷
8	投入 10kV 分段备自投闭锁备自投装置压板××LP
9	检查 10kV 分段 100 开关确在热备用状态
10	合上 10kV 分段 100 开关
11	检查后台机 10kV 分段 100 开关位置确在"合"位
12	检查负荷分配指示正确
13	检查 10kV 分段 100 开关机械位置指示器确在"合"位
14	检查 10kV 分段 100 开关已储能
15	拉开 1 主变 101 开关
16	检查后台机 1 主变 101 开关位置确在"分"位
17	检查负荷转移指示正确
18	将 1 主变 101 开关操作方式开关切至"就地"位置
19	检查 1 主变 101 开关机械位置指示器确在"分"位
20	将 1 主变 101 手车开关由"工作"位置摇至"试验"位置
21	检查 1 主变 101 手车开关已摇至"试验"位置
22	拉开 1 主变 1101 开关
23	检查后台机 1 主变 1101 开关位置确在"分"位
24	将 1 主变 1101 开关操作方式开关切至"就地"位置
25	检查 1 主变 1101 开关机械位置指示器确在"分"位
26	将 1 主变 110kV 侧刀闸操作方式开关切至"就地"位置
27	合上 1 主变 11016 刀闸电机电源开关××KK
28	拉开 1 主变 11016 刀闸
29	检查汇控屏 1 主变 11016 刀闸位置指示"绿灯"亮
30	检查 1 主变 11016 刀闸机械位置指示器确在"分"位
31	拉开 1 主变 11016 刀闸电机电源开关××KK

续表

顺序	操 作 项 目
32	合上 1 主变 11011 刀闸电机电源开关××KK
33	拉开 1 主变 11011 刀闸
34	检查汇控屏 1 主变 11011 刀闸位置指示"绿灯"亮
35	检查 1 主变 11011 刀闸机械位置指示器确在"分"位
36	拉开 1 主变 11011 刀闸电机电源开关××KK
37	拉开 1 主变 1101 开关储能电源开关××KK
38	检查 1 主变 11011 刀闸机械位置指示器确在"分"位（间接验电）
39	检查 1 主变 11016 刀闸机械位置指示器确在"分"位（间接验电）
40	合上 1 主变 110117 接地刀闸电机电源开关××KK
41	合上 1 主变 110117 接地刀闸
42	检查汇控屏 1 主变 110117 刀闸位置指示"红灯"亮
43	检查 1 主变 110117 刀闸机械位置指示器确在"合"位
44	拉开 1 主变 110117 接地刀闸电机电源开关××KK
45	检查 1 主变 11016 刀闸机械位置指示器确在"分"位（间接验电）
46	检查 1 主变 101 手车开关确在"试验"位置（间接验电）
47	合上 1 主变 110167 接地刀闸电机电源开关××KK
48	合上 1 主变 110167 接地刀闸
49	检查汇控屏 1 主变 110167 刀闸位置指示"红灯"亮
50	检查 1 主变 110167 刀闸机械位置指示器确在"合"位
51	拉开 1 主变 110167 接地刀闸电机电源开关××KK
52	取下 1 主变 101 手车开关二次连线插头
53	将 1 主变 101 手车开关由"试验"位置拉至"检修"位置
54	检查 1 主变 101 手车开关确已拉至"检修"位置
55	拉开 1 主变 101 开关储能电源开关××KK
56	检查 1 主变 10kV 侧带电显示三相指示灯"灭"

续表

顺序	操 作 项 目
57	验明 1 主变 10kV 侧穿墙套管处三相确无电压
58	在 1 主变 10kV 穿墙套管处装设# ×接地线
59	拉开 1 主变中性点 1－D10 接地刀闸
60	检查 1 主变中性点 1－D10 接地刀闸确已拉开
61	拉开 1 主变中性点 1－D10 接地刀闸电机电源开关××KK
62	拉开 1 主变冷却器电源开关××KK
63	拉开 1 主变有载调压开关电源开关××KK
64	停用 1 主变高后备保护跳 110kV 分段 1100 开关压板××LP（如有该压板）
65	停用 1 主变低后备保护跳 10kV 分段 100 开关压板××LP（如有该压板）
66	拉开 1 主变 1101 开关控制电源开关××KK
67	拉开 1 主变 101 开关控制电源开关××KK
	ㄣ

三、送电倒闸操作票应用实例

送电倒闸操作票应用实例见表 5－2。

表 5－2　　　　1 号主变由检修转运行

顺序	操 作 项 目
1	合上 1 主变 1101 开关控制电源开关××KK
2	合上 1 主变 101 开关控制电源开关××KK
3	投入 1 主变高后备保护跳 110kV 分段 1100 开关压板××LP（如有该压板）
4	投入 1 主变低后备保护跳 10kV 分段 100 开关压板××LP（如有该压板）
5	检查 1 主变投不接地零序压板××LP 确已停用
6	检查 1 主变保护投入正常且与运行方式相符

顺序	操 作 项 目
7	拆除 1 主变 10kV 侧穿墙套管处装设# ×接地线
8	检查 1 主变 10kV 侧穿墙套管处装设# ×接地线确已拆除
9	将 1 主变 110kV 侧刀闸操作方式开关切至"就地"位置
10	合上 1 主变 110167 接地刀闸电机电源开关××KK
11	拉开 1 主变 110167 接地刀闸
12	检查汇控屏 1 主变 110167 刀闸位置指示"绿灯"亮
13	检查 1 主变 110167 刀闸机械位置指示器确在"分"位
14	拉开 1 主变 110167 接地刀闸电机电源开关××KK
15	合上 1 主变 110117 接地刀闸电机电源开关××KK
16	拉开 1 主变 110117 接地刀闸
17	检查汇控屏 1 主变 110117 刀闸位置指示"绿灯"亮
18	检查 1 主变 110117 刀闸机械位置指示器确在"分"位
19	拉开 1 主变 110117 接地刀闸电机电源开关××KK
20	检查 1 主变 1101 开关两侧确无接地短路线和妨碍送电物
21	检查 1 主变本体确无接地短路线和妨碍送电物
22	合上 1 主变冷却器电源开关××KK
23	合上 1 主变有载调压开关电源开关××KK
24	将 1 主变中性点 1-D10 接地刀闸操作方式开关切至"就地"位置
25	合上 1 主变中性点 1-D10 接地刀闸电机电源开关××KK
26	合上 1 主变中性点 1-D10 接地刀闸
27	检查 1 主变中性点 1-D10 接地刀闸确已合好
28	检查 1 主变 1101 开关操作方式开关确在"就地"位置
29	检查 1 主变 101 开关操作方式开关确在"就地"位置
30	检查后台机 1 主变 1101 开关位置确在"分"位
31	检查 1 主变 1101 开关位置指示器确在"分"位

顺序	操 作 项 目
32	将 1 主变 110kV 侧刀闸操作方式开关切至"就地"位置
33	合上 1 主变 11011 刀闸电机电源开关××KK
34	合上 1 主变 11011 刀闸
35	检查汇控屏 1 主变 11011 刀闸位置指示"红灯"亮
36	检查 1 主变 11011 刀闸机械位置指示器确在"合"位
37	拉开 1 主变 11011 刀闸电机电源开关××KK
38	合上 1 主变 11016 刀闸电机电源开关××KK
39	合上 1 主变 11016 刀闸
40	检查汇控屏 1 主变 11016 刀闸位置指示"红灯"亮
41	检查 1 主变 11016 刀闸机械位置指示器确在"合"位
42	拉开 1 主变 11016 刀闸电机电源开关××KK
43	合上 1 主变 1101 开关储能电源开关××KK
44	将 1 主变 110kV 侧刀闸操作方式开关切至"远方"位置
45	检查后台机 1 主变 101 开关位置确在"分"位
46	检查 1 主变 101 开关机械位置指示器确在"分"位
47	检查 1 主变 101 手车开关确无接地短路线及妨碍送电物
48	将 1 主变 101 手车开关由"检修"位置推至"试验"位置
49	检查 1 主变 101 手车开关由确已推至"试验"位置
50	装上 1 主变 101 手车开关二次联线插头
51	将 1 主变 101 手车开关由"试验"位置摇至"工作"位置
52	检查 1 主变 101 手车开关确已摇至"工作"位置
53	合上 1 主变 101 开关储能电源开关××KK
54	将 1 主变 1101 开关操作方式开关切至"远方"位置
55	将 1 主变 101 开关操作方式开关切至"远方"位置
56	检查 1、2 主变有载调压开关分头位置一致

顺序	操 作 项 目
57	合上 1 主变 1101 开关
58	检查后台机 1 主变 1101 开关位置确在"合"位
59	检查 1 主变 1101 开关机械位置指示器确在"合"位
60	检查 1 主变 1101 开关确已储能
61	检查 1 主变充电良好
62	合上 1 主变 101 开关
63	检查后台机 1 主变 101 开关位置确在"合"位
64	检查负荷分配指示正确
65	检查 1 主变 101 开关机械位置指示器确在"合"位
66	检查 1 主变 101 开关确已储能
67	拉开 10kV 分段 100 开关
68	检查后台机 10kV 分段 100 开关位置确在"分"位
69	检查负荷转移指示正确
70	检查 10kV I 母线三相电压指示正确
71	检查 10kV 分段 100 开关机械位置指示器确在"分"位
72	停用 10kV 分段备自投闭锁备自投装置压板
73	检查 10kV 分段备自投充电良好
74	检查 10kV 分段备自投投入正确且与运行方式相符
75	拉开 1 主变中性点 1－D10 接地刀闸
76	检查 1 主变中性点 1－D10 接地刀闸确已拉开
77	拉开 1 主变中性点 1－D10 接地刀闸电机电源开关××KK
78	投入 1 主变投不接地零序压板××LP

📋 第二节　工作票应用实例

一、变电站工作票实例

1. 素材

（1）申请单位：检修公司 检修班、变压器班、试验班。

（2）停电设备：110kV 白玉变电站 1 号主变及两侧开关。

（3）工作内容：1 号主变试验、本体加油，1101、101 开关检修试验。

（4）申请停电时间：2017 年 07 月 22 日 07:00 - 16:00。

（5）批准停电时间：2017 年 07 月 22 日 07:00 - 16:00。

（6）作业现场条件：本站 110kV 设备为 GIS 设备，两回进线、内桥接线方式、分段运行，两台主变各代 10kV I 段母线、母线分段运行。均为实现远方遥控操作功能，10kV 开关为中置式手车开关。检修方式下，110kV I 、Ⅱ母和 10kV I 、Ⅱ母运行。保护装置配置：主变保护配置为国电南瑞 NSR - 378D 型保护或四方 CSR - 22A 变压器本体保护装置、CST220B 变压器后备保护装置、CST31A 变压器主保护。10kV 分段备自投装置。

（7）工作票签发人及参与本次工作的成员名单见表 5 - 3。

表 5 - 3　　　工作票签发人及参与本次工作的成员名单

姓名	职务	资格
高×	专工	工作票签发人
王×	班长	检修班工作负责人
检修班：宋××、乔××（小组负责人）、郝××、王××、黄××、邓××、习××； 变压器班：闫××（小组负责人）、谢××、朱××； 试验班：李××（小组负责人）、赵××。共 11 人。	班员	工作班成员

（8）接线图见图 5-1。

2. 工作票应用实例一（不考虑总、分工作票）

变电站（发电厂）第一种工作票

单位 <u>检修公司</u>　　　　编号 <u>……1706001</u>

1. 工作负责人（监护人）　<u>王×</u>
班组　<u>检修班、变压器班、试验班</u>
2. 工作班人员（不包括工作负责人）
<u>乔××、郝××、王××、黄××、邓××、习××、闫×</u>
<u>×、谢××、朱××、李××、赵××</u>　共　<u>11</u>　人。
3. 工作的变、配电站名称及设备双重名称
<u>110kV 白玉变电站：1 号主变、1 号主变 1101 开关、1 号主</u>
<u>变 101 开关</u>
4. 工作任务

工作地点及设备双重名称	工作内容
1 号主变设备区：1 号主变	试验、本体加油
110kV 设备区：1 号主变 1101 开关	检修、试验
10kV 高压室：1 号主变 101 开关	检修、试验

5. 计划工作时间：自 <u>2015</u> 年 <u>05</u> 月 <u>09</u> 日 <u>08</u> 时 <u>00</u> 分
　　　　　　　　至 <u>2015</u> 年 <u>05</u> 月 <u>09</u> 日 <u>18</u> 时 <u>00</u> 分
6. 安全措施（必要时可附页绘图说明）

应拉断路器（开关）、隔离开关（刀闸）	已执行＊
拉开 1101、101 开关，拉开 11011、11016 刀闸，将 101 手车开关拉至"检修"位置	√
断开 1101、101 开关控制电源和合闸电源，断开 11011、11016 刀闸控制电源和动力电源	√
将 11011、11016 刀闸操作机构箱门锁住，将 101 手车开关柜门锁住	√
应装接地线、应合接地刀闸（注明确实地点、名称及接地线编号＊）	已执行
合上 110117 接地刀闸	√
在 1 号主变与 101 开关间装设 × 号接地线	√
应设遮栏、应挂标示牌及防止二次回路误碰等措施	已执行
在 11011、11016 刀闸操作机构箱门上各挂"禁止合闸，有人工作！"标示牌	√
在 1 号主变、1101 开关四周装设围栏，围栏上向内挂"止步，高压危险！"标示牌，在围栏出入口挂"从此进出！"标示牌。在 1 号主变 101 开关柜两旁及对面运行设备间隔和禁止通行的过道装设遮栏（围栏），并挂"止步，高压危险！"标示牌。在 101 手车开关柜门上挂"止步，高压危险！"标示牌	√
在 1 号主变、1101 开关、101 开关处设置"在此工作！"标示牌	√
在 1 号主变爬梯上挂"从此上下！"标示牌	√

＊ 已执行栏目及接地线编号由工作许可人填写。

工作地点保留带电部分或注意事项（由工作票签发人填写）：	补充工作地点保留带电部分和安全措施（由工作许可人填写）：
相邻的 2 号主变运行。1101 开关相邻的白水 1145 间隔、白柳 1146 间隔运行，101 开关相邻的 1 号接地变 107、水泥厂 123 间隔运行。110kV、10kV Ⅰ 母带电	无

工作票签发人签名 高×

签发日期：__2015__年__05__月__08__日__10__时__00__分

7. 收到工作票时间 __2015__年__05__月__08__日__10__时__30__分

运维人员签名 __张××__   工作负责人签名 __王×__

8. 确认本工作票1～7项

工作负责人签名 __王×__   工作许可人签名 __张××__

许可开始工作时间：__2015__年__05__月__09__日__08__时__10__分

9. 确认工作负责人布置的工作任务和安全措施

工作班组人员签名：

__乔××、郝××、王××、黄××、邓××、习××、闫×__
__×、谢××、朱××、李××、赵××__

10. 工作负责人变动情况

原工作负责人 __王×__ 离去，变更 __张×__ 为工作负责人。

工作票签发人 __高×__   __2015__年__05__月__09__日__11__时__30__分

11. 工作人员变动情况（变动人员姓名、日期及时间）：

2015年05月09日10时,检修班郝××因做次日工作准备,提前离开工作现场。

工作负责人签名 __张×__

12. 工作票延期

有效期延长到 __2015__年__05__月__09__日__19__时__30__分

工作负责人签名 __张×__   __2015__年__05__月__09__日__16__时__05__分

工作许可人签名 __张××__   __2015__年__05__月__09__日__16__时__05__分

13. 每日开工和收工时间（使用一天的工作票不必填写）

收工时间				工作负责人	工作许可人	开工时间				工作许可人	工作负责人
月	日	时	分			月	日	时	分		

14. 工作终结

全部工作于 2015 年 05 月 09 日 19 时 00 分结束，设备及安全措施已恢复至开工前状态，工作人员已全部撤离，材料工具已清理完毕，工作已终结。

工作负责人签名 张×　　　工作许可人签名 张××

15. 工作票终结

临时遮栏、标示牌已拆除，常设遮栏已恢复。未拆除或未拉开的接地线编号____等共 0 组、接地刀闸（小车）共 0 副（台），已汇报值班调控人员。

工作许可人签名 张××　　2015 年 05 月 09 日 19 时 05 分

16. 备注

（1）指定专责监护人 李×× 负责监护 赵×× 在1号主变设备区、1101开关设备区、101开关设备区，做好1号主变、1101开关、101开关试验工作。（地点及具体工作）

（2）其他事项：_____

3. 工作票应用实例二（总、分工作票形式）

（1）总工作票如下：

变电站（发电厂）第一种工作票

单位 检修公司　　　　编号 ……1706001（03）

1. 工作负责人（监护人） 王×

班组 检修班、变压器班、试验班

2. 工作班人员（不包括工作负责人）

乔××、闫××、李××等　　　　　　　　共 11 人。

3. 工作的变、配电站名称及设备双重名称

110kV 白玉变电站：1 号主变、1 号主变 1101 开关、1 号主变 101 开关

4. 工作任务

工作地点及设备双重名称	工作内容
1 号主变设备区：1 号主变	试验、本体加油
110kV 设备区：1 号主变 1101 开关	检修、试验
10kV 高压室：1 号主变 101 开关	检修、试验

5. 计划工作时间：自 2015 年 05 月 09 日 08 时 00 分

至 2015 年 05 月 09 日 18 时 00 分

6. 安全措施（必要时可附页绘图说明）

应拉断路器（开关）、隔离开关（刀闸）	已执行*
拉开 1101、101 开关，拉开 11011、11016 刀闸，将 101 手车开关拉至"检修"位置	√
断开 1101、101 开关控制电源和合闸电源，断开 11011、11016 刀闸控制电源和动力电源	√
将 11011、11016 刀闸操作机构箱门锁住，将 101 手车开关柜门锁住	√
应装接地线、应合接地刀闸（注明确实地点、名称及接地线编号★）	已执行
合上 110117 接地刀闸	√
在 1 号主变与 101 开关间装设×号接地线	√
应设遮栏、应挂标示牌及防止二次回路误碰等措施	已执行
在 11011、11016 刀闸操作机构箱上各挂"禁止合闸，有人工作！"标示牌	√
在 1 号主变、1101 开关四周装设围栏，围栏上向内挂"止步，高压危险！"标示牌，在围栏出入口挂"从此进出！"标示牌。在 1 号主变 101 开关柜两旁及对面运行设备间隔和禁止通行的过道装设遮栏（围栏），并挂"止步，高压危险！"标示牌。在 101 手车开关柜门上挂"止步，高压危险！"标示牌	√

应拉断路器（开关）、隔离开关（刀闸）	已执行*
在1号主变、1101开关、101开关处设置"在此工作！"标示牌	√
在1号主变爬梯上挂"从此上下！"标示牌	√

* 已执行栏目及接地线编号由工作许可人填写。

工作地点保留带电部分或注意事项（由工作票签发人填写）：	补充工作地点保留带电部分和安全措施（由工作许可人填写）：
相邻的2号主变运行。1101开关相邻的白水1145间隔、白柳1146间隔运行，101开关相邻的1号接地变107、水泥厂123间隔运行。110kV、10kVⅠ母带电	无

工作票签发人签名 高×　签发日期：__2015_年_05_月_08_日_10_时_00_分

7. 收到工作票时间 __2015_年_05_月_08_日_10_时_30_分

运维人员签名 __张××__　工作负责人签名 __王×__

8. 确认本工作票1～7项

工作负责人签名 __王×__　工作许可人签名 __张××__

许可开始工作时间：__2015_年_05_月_09_日_08_时_10_分

9. 确认工作负责人布置的工作任务和安全措施

工作班组人员签名：

乔××、闫××、李××

10. 工作负责人变动情况

原工作负责人 __王×__ 离去，变更 __张×__ 为工作负责人。

工作票签发人 __高×__　__2015_年_05_月_09_日_11_时_30_分

11. 工作人员变动情况（变动人员姓名、日期及时间）：

144

工作负责人签名 __张×__

12. 工作票延期

有效期延长到 __2015__ 年 __05__ 月 __09__ 日 __19__ 时 __30__ 分

工作负责人签名 __张×__ __2015__ 年 __05__ 月 __09__ 日 __16__ 时 __05__ 分

工作许可人签名 __张××__ __2015__ 年 __05__ 月 __09__ 日 __16__ 时 __05__ 分

13. 每日开工和收工时间（使用一天的工作票不必填写）

收工时间				工作负责人	工作许可人	开工时间				工作许可人	工作负责人
月	日	时	分			月	日	时	分		

14. 工作终结

全部工作于 __2015__ 年 __05__ 月 __09__ 日 __19__ 时 __00__ 分结束，设备及安全措施已恢复至开工前状态，工作人员已全部撤离，材料工具已清理完毕，工作已终结。

工作负责人签名 __张×__ 工作许可人签名 __张××__

15. 工作票终结

临时遮栏、标示牌已拆除，常设遮栏已恢复。未拆除或未拉开的接地线编号____等共 __0__ 组、接地刀闸（小车）共 __0__ 副（台），已汇报值班调控人员。

工作许可人签名 __张××__ __2015__ 年 __05__ 月 __09__ 日 __19__ 时 __05__ 分

16. 备注

（1）指定专责监护人____负责监护____（地点及具体工作）

（2）其他事项：____

（2）分工作票：以检修班分工作票为例，列举分工作票的填写格式。

变电站（发电厂）第一种工作票

单位 <u>检修公司</u>　　　编号 ……1706001（03）－01

1. 工作负责人（监护人）<u>乔××</u>　　　班组 <u>检修班</u>
2. 工作班人员（不包括工作负责人）
<u>郝××、王××、黄××、邓××、习××</u>　　　共 <u>5</u> 人。
3. 工作的变、配电站名称及设备双重名称
<u>110kV 白玉变电站：1 号主变 1101 开关、1 号主变 101 开关</u>
4. 工作任务

工作地点及设备双重名称	工作内容
110kV 设备区：1 号主变 1101 开关	检修
10kV 高压室：1 号主变 101 开关	检修

5. 计划工作时间：自 <u>2015</u> 年 <u>05</u> 月 <u>09</u> 日 <u>08</u> 时 <u>00</u> 分
　　　　　　　　至 <u>2015</u> 年 <u>05</u> 月 <u>09</u> 日 <u>17</u> 时 <u>00</u> 分
6. 安全措施（必要时可附页绘图说明）

应拉断路器（开关）、隔离开关（刀闸）	已执行＊
拉开 1101、101 开关，拉开 11011、11016 刀闸，将 101 手车开关拉至"检修"位置	√
断开 1101、101 开关控制电源和合闸电源，断开 11011、11016 刀闸控制电源和动力电源	√
将 11011、11016 刀闸操作机构箱门锁住，将 101 手车开关柜门锁住	√

应拉断路器（开关）、隔离开关（刀闸）	已执行★
应装接地线、应合接地刀闸（注明确实地点、名称及接地线编号★）	已执行
合上 110117 接地刀闸	√
在 1 号主变与 101 开关间装设 × 号接地线	√
应设遮栏、应挂标示牌及防止二次回路误碰等措施	已执行
在 11011、11016 刀闸操作机构箱门上各挂"禁止合闸，有人工作！"标示牌	√
在 1101 开关四周装设围栏，围栏上向内挂"止步，高压危险！"标示牌，在围栏出入口挂"从此进出！"标示牌。在 1 号主变 101 开关柜两旁及对面运行设备间隔和禁止通行的过道装设遮栏（围栏），并挂"止步，高压危险！"标示牌。在 101 手车开关柜门上挂"止步，高压危险！"标示牌	√
在 1101 开关、101 开关处设置"在此工作！"标示牌	√

★ 已执行栏目及接地线编号由工作许可人填写。

工作地点保留带电部分或注意事项（由工作票签发人填写）：	补充工作地点保留带电部分和安全措施（由工作许可人填写）：
1101 开关相邻的白水 1145 间隔、白柳 1146 间隔运行，101 开关相邻的 1 号接地变 107、水泥厂 123 间隔运行。110kV、10kV Ⅰ 母带电	无

工作票签发人签名 高×

签发日期：__2015__ 年 __05__ 月 __08__ 日 __10__ 时 __00__ 分

7. 收到工作票时间 __2015__ 年 __05__ 月 __08__ 日 __10__ 时 __30__ 分

运维人员签名 __王×__　　　 工作负责人签名 __乔××__

8. 确认本工作票 1~7 项

工作负责人签名 __乔××__　　　 工作许可人签名 __王×__

许可开始工作时间：__2015__ 年 __05__ 月 __09__ 日 __08__ 时 __20__ 分

9. 确认工作负责人布置的工作任务和安全措施

工作班组人员签名：

__郝××、王××、黄××、邓××、习××__

10. 工作负责人变动情况

原工作负责人_____离去，变更_____为工作负责人。

工作票签发人_____　　_____年__月__日__时__分

11. 工作人员变动情况（变动人员姓名、日期及时间）：

__2015 年 05 月 09 日 10 时,检修班郝××因做次日工作准备,__
__提前离开工作现场。__

工作负责人签名 __张×__

12. 工作票延期

有效期延长到 __2015__ 年 __05__ 月 __09__ 日 __19__ 时 __30__ 分

工作负责人签名 __乔××__　 __2015__ 年 __05__ 月 __09__ 日 __16__ 时 __05__ 分

工作许可人签名 __王×__　　 __2015__ 年 __05__ 月 __09__ 日 __16__ 时 __05__ 分

13. 每日开工和收工时间（使用一天的工作票不必填写）

收工时间				工作负责人	工作许可人	开工时间				工作许可人	工作负责人
月	日	时	分			月	日	时	分		

14. 工作终结

全部工作于 __2015__ 年 __05__ 月 __09__ 日 __18__ 时 __45__ 分结束，设备

148

及安全措施已恢复至开工前状态，工作人员已全部撤离，材料工具已清理完毕，工作已终结。

工作负责人签名 乔×× 工作许可人签名 王×

15. 工作票终结

临时遮栏、标示牌已拆除，常设遮栏已恢复。未拆除或未拉开的接地线编号___等共___组、接地刀闸(小车)共___副(台)，已汇报值班调控人员。

工作许可人签名 _____ ___年__月__日__时__分

16. 备注

（1）指定专责监护人___负责监护 _____(地点及具体工作)

（2）其他事项：_____

二、电力线路工作票实例

1. 素材

（1）申请单位：输电运检室 检修班。

（2）停电设备：220kV 高马线。

（3）工作内容：高马线 42～45 号更换导线、高马线 52～57 号更换绝缘子、高马线 1～97 号补装销子。

（4）申请停电时间：2017 年 07 月 22 日 07:00－18:00。

（5）批准停电时间：2017 年 07 月 22 日 07:00－18:00。

（6）作业现场条件：220kV 高马线全线为独立架空线路。其中：42～43 号塔段跨一河流，其他线段均为农作物种植区。无相邻带电运行线路。

（7）工作票签发人及参与本次工作的成员名单见表 5－4。

表 5－4 工作票签发人及参加本次工作的成员名单

姓名	职务	资格
程×	专工	工作票签发人

姓名	职务	资格
李××	班长	检修班工作负责人
梁××、李××、刘××、王×、孙××、范××、马×、张×、吕××、孙×、张××、王×、流××、陶××、谢××共15人	班员	工作班成员

2. 工作票应用实例

电力线路第一种工作票

单位 输电运检室　　　编号 ……1706001

1. 工作负责人（监护人）李×　　班组：检修班

2. 工作班人员（不包括工作负责人）：梁××、李××、刘××、王×、孙××、范××、马×、张×、吕××、孙×、张×、王×、流××、陶××、谢××　　共 15 人。

3. 工作的线路或设备双重名称（多回路应注明双重称号）

220kV 高马线　左线 色标为"蓝"

4. 工作任务

工作地点或地段（注明分、支线路名称、线路的起止杆号）	工作内容
高马线 42～45 号	更换导线
高马线 52～57 号	更换绝缘子
高马线 1～97 号	补装销子

5. 计划工作时间

自 2017 年 09 月 22 日 07 时 00 分　至 2017 年 09 月 22 日 18 时 00 分

6. 安全措施（必要时可附页绘图说明）

6.1 应改为检修状态的线路间隔名称和应拉开的断路器(开关)、隔离开关（刀闸）、熔断器（保险）（包括分支线、用户线路和配合停电线路）：

拉开高线变：220kV 高马线 4925 开关，4925-3、4925-4 刀闸；合上 4925-D3 接地刀闸

拉开马青变：220kV 高马线 4124 开关，4124-3、4124-4 刀闸；合上 4124-D3 接地刀闸

6.2 保留或邻近的带电线路、设备：1～36 号同杆架设的右线 220kV 宁高线带电

6.3 其他安全措施和注意事项：

（1）验明线路确无电压后，工作地段各端挂接地线。

（2）在 1～36 号杆工作时必须使用个人保安线。

6.4 应挂的接地线

挂设位置 （线路名称及杆号）	接地线编号	挂设时间	拆除时间
高马线	1 号		
高马线	97 号		
高马线	42 号		
高马线	57 号		

工作票签发人签名 程× 2017 年 09 月 21 日 16 时 30 分
工作负责人签名 李× 2017 年 09 月 22 日 16 时 45 分 收到工作票

7. 确认本工作票 1～6 项，许可工作开始

许可方式	许可人	工作负责人签名	许可工作的时间
电话下达	冯×	李×	2017 年 09 月 22 日 9 时 55 分
			年 月 日 时 分
			年 月 日 时 分

8. 确认工作负责人布置的工作任务和安全措施

工作班组人员签名：

梁××、李××、刘××、王×、孙××、范××、马×、张×、吕××、孙×、张××、王××、流××、陶××、谢××

9. 工作负责人变动情况

原工作负责人_____离去，变更 ___为工作负责人。

工作票签发人签名_____　____年___月___日___时___分

10. 工作人员变动情况（变动人员姓名、日期及时间）

_____

_____

工作负责人签名：_____

11. 工作票延期

有效期延长到_____年___月___日___时___分。

工作负责人签名_____　____年__月__日___时___分

工作许可人签名_____　____年__月__日___时___分

12. 工作票终结

12.1 现场所挂的接地线编号 1、2、3、4号 共 4 组，已全部拆除、带回。

12.2 工作终结报告

终结报告的方式	许可人	工作负责人签名	终结报告时间
电话报告	梅×	李×	2017 年 09 月 22 日 17 时 20 分
			年 月 日 时 分
			年 月 日 时 分

13. 备注：

（1）指定专责监护人 孙×× 负责监护 第一小组在高马线 42～45号更换导线工作。（人员、地点及具体工作）

（2）其他事项：指定专责监护人 谢×× 负责监护第二小组在高马线 52～57号更换绝缘子工作，指定专责监护人 张×× 负责监护第三小组在高马线1～97号线路消缺。

三、配电线路工作票实例

1. 素材

（1）申请单位：配电运检室 配电运维二班。

（2）停电设备：10kV 昭园站 10kV 昭国北线 625 开关至 10kV 昭国北线 17 号杆间线路。

（3）工作内容：10kV 昭国北线 01～17 号杆 LGJ-120 裸铝导线更换为 JKYGLJ-240 绝缘导线。

（4）申请停电时间：2017 年 07 月 22 日 07:00-16:00。

（5）批准停电时间：2017 年 07 月 22 日 07:00-16:00。

（6）作业现场条件：本工作涉及线路改造前均为裸导线；10kV 昭国南线 01～17 号杆与 10KV 昭国北线同杆架设，面向大号侧，左线为 10kV 昭国北线，右线为 10kV 昭国南线；10kV 昭北西线 05～06 号杆架设于 10kV 昭国北线下侧，无法装设跨越架。

（7）工作票签发人及参与本次工作的成员名单见表 5-5。

表 5-5　　　　工作票签发人及参与本次工作的成员名单

姓名	职务	资格
徐××	专工	工作票签发人
田××	班长	配电运行工作许可人
宋××	班员	工作负责人

（8）接线图见图 5-2。

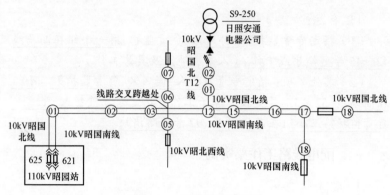

图 5-2　配电线路接线图

2. 工作票应用实例

配电第一种工作票

单位　<u>配电运检室</u>　　　编号　…<u>1707001</u>

1. 工作负责人（监护人）　<u>宋××</u>

班组：　<u>配电运维二班</u>

2. 工作班人员（不包括工作负责人）：<u>李××、吴××、史××、孔×、陈××、秦××、秦×、费××、卢××、王××、刘××、石××</u>　共　<u>12</u>　人。

3. 工作任务

工作地点或设备［注明变（配）电站、线路名称、设备双重名称及起止杆号］	工作内容
10kV 昭国北线 01 号杆至 17 号杆间线路，色标：黑色；位置：左线（面向大号侧）	10kV 昭国北线 01～17 号杆 LGJ-120 裸铝导线更换为 JKYGLJ-240 绝缘导线

154

4. 计划工作时间

自 <u>2017</u> 年 <u>07</u> 月 <u>22</u> 日 <u>07</u> 时 <u>00</u> 分至 <u>2017</u> 年 <u>07</u> 月 <u>22</u> 日 <u>16</u> 时 <u>00</u> 分

5. 安全措施 [应改为检修状态的线路、设备名称，应断开的断路器（开关）、隔离开关（刀闸）、熔断器，应合上的接地刀闸，应设的接地线、绝缘隔板、遮栏（围栏）和标示牌等，装设的接地线应明确具体位置，必要时可附页绘图说明]

5.1 调控或运维人员［变（配）电站、发电厂］应采取的安全措施	已执行
（1）拉开 110kV 昭园变电站 10kV 昭国北线 625 开关，将昭国北线 625 开关小车拉至试验位置，合上昭国北线 625-D3 接地刀闸，在昭国北线 625 开关及开关小车操作把手上挂"禁止合闸，线路有人工作"标示牌	
（2）拉开 110kV 昭园变电站 10kV 昭国南线 621 开关，将昭国南线 621 开关小车拉至试验位置，合上昭国南线 621-D3 接地刀闸，在昭国南线 621 开关及开关小车操作把手上挂"禁止合闸，线路有人工作"标示牌	
（3）拉开 10kV 昭国北线 17 号杆开关，在 10kV 昭国北线 17 号杆开关操作处悬挂"禁止合闸，线路有人工作"标示牌，在 10kV 昭国北线 17 号杆大号侧装设接地线一组	
（4）拉开 10kV 昭国南线 18 号杆开关，在 10kV 昭国南线 18 号杆开关操作处悬挂"禁止合闸，线路有人工作"标示牌，在 10kV 昭国南线 18 号杆小号侧装设接地线一组	
（5）拉开 10kV 昭北西线 05 号杆开关、07 号杆开关，在 10kV 昭北西线 05 号杆、07 号杆开关操作处悬挂"禁止合闸，线路有人工作"标示牌，在 10kV 昭北西线 06 号杆小号侧装设接地线一组	

5.2 工作班完成的安全措施	已执行
（1）拉开 10kV 日照安通电器公司配电室配变低压侧开关及高压侧进线开关，拉开 10kV 昭国北 T12 线 02 号杆跌落式熔断器，在 10kV 昭国北 T12 线 02 号杆大号侧装设接地线一组，在已拉开的 10kV 日照安通电器公司配电室配变低压侧开关及进高压侧进线开关操作把手上、10kV 昭国北 T12 线 02 号杆跌落式熔断器操作处悬挂"禁止合闸，线路有人工作"标示牌	
（2）在 10kV 昭国北线 01 号杆小号侧装设接地线一组	
（3）在 10kV 昭国南线 01 号杆小号侧装设接地线一组	

5.3 工作班装设（或拆除）的接地线			
线路名称或设备双重名称和装设位置	接地线编号	装设时间	拆除时间
10kV 昭国北线 01 号杆小号侧	01 号	2017－07－22 07:14	2017－07－22 15:19
10kV 昭国南线 01 号杆小号侧	02 号	2017－07－22 07:14	2017－07－22 15:19
10kV 昭国北 T12 线 02 号杆大号侧	03 号	2017－07－22 07:14	2017－07－22 15:19

5.4 配合停电线路应采取的安全措施	已执行
无	

5.5 保留或邻近的带电线路、设备

_____

_____

_____

5.6 其他安全措施和注意事项

在人口密集区或交通道口和通行道路上施工工作地点周围装设遮栏，并面向外悬挂"止步，高压危险！"标示牌；工作时防止车辆或行人在工作地点通行。

工作票签发人签名　徐××　，2017 年 07 月 21 日 16 时 30 分

工作负责人签名　宋××　，2017 年 07 月 21 日 16 时 50 分

5.7 其他安全措施和注意事项补充（由工作负责人或工作许可人填写）

无。

6. 工作许可

许可的线路或设备	许可方式	工作许可人	工作负责人	许可工作的时间
10kV 昭国北线 01 号杆至 17 号杆间线路	当面许可	田××	宋××	2017 年 07 月 22 日 07 时 03 分

7. 工作任务单登记

工作任务单编号	工作任务	小组负责人	工作许可时间	工作结束报告时间
无				

8. 现场交底，工作班成员确认工作负责人布置的工作任务、人员分工、安全措施和注意事项并签名：

李××、吴××、史××、孔×、陈××、秦××、秦×、费××、卢××、王×、刘××、石××

9. 人员变更

9.1　工作负责人变动情况：原工作负责人_____离去，变更_____为工作负责人。

工作票签发人_____

_____年__月__日__时__分

原工作负责人签名确认_____　新工作负责人签名确认_____

_____年__月__日__时__分

9.2　工作人员变动情况

新增人员	姓名				
	变更时间				
离开人员	姓名				
	变更时间				

工作负责人签名_____

10. 工作票延期：有效期延长到_____年__月__日__时__分

工作负责人签名_____ _____年__月__日_ 时__分

工作许可人签名_____ _____年__月__日__时__分

11. 每日开工和收工时间（使用一天的工作票不必填写）

收工时间				工作负责人	工作许可人	开工时间				工作许可人	工作负责人
月	日	时	分			月	日	时	分		

12. 工作终结

12.1 工作班现场所装设接地线共 __3__ 组、个人保安线共 __0__ 组已全部拆除，工作班人员已全部撤离现场，材料工具已清理完毕，杆塔、设备上已无遗留物。

12.2 工作终结报告

终结的线路或设备	报告方式	工作负责人	工作许可人	终结报告时间
10kV 昭国北线 01 号杆至 17 号杆间线路	当面报告	宋××	田××	2017 年 07 月 22 日 15 时 50 分
				年 月 日 时 分

13. 备注

13.1 指定专责监护人_____负责监护_____

_____（地点及具体工作）

13.2 其他事项：__无。_____

四、低压工作票实例

1．素材

（1）申请单位：营销部营业计量室计量班。

（2）工作内容：10kV聚贤线博学支线3号台变JP柜低压计量电能表更换。

（3）计划工作时间：2018年02月19日08:30－12:00

（4）作业现场条件：本工作涉及电能表为JP柜内安装，JP柜为室外安装，位于10kV变压器台架的下方，变压器上部为10kV聚贤线博学支线。

（5）工作票签发人及参与本次工作的成员名单见表5－6。

表5－6　　　　　工作票签发人及参与本次工作的成员名单

姓名	职务	资格
安××	专工	工作票签发人
全××	班长	营业计量室工作许可人
丁××	班员	工作负责人

（6）接线图见图5－3。

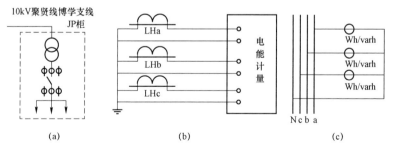

图5－3　低压线路接线图示例

（a）一次接线示意图；（b）交流电流回路图；（c）交流电压回路图

2. 工作票应用实例

低 压 工 作 票

单位 营销部营业计量室　　　　编号 SD201712001

1. 工作负责人 丁×× 　　　　　　班组 计量班

2. 工作班成员（不包括工作负责人）李××、陈××、刘××　　　　　　　　　　　　　共 3 人。

3. 工作的线路名称或设备双重名称(多回路应注明双重称号及方位)、工作任务

10kV聚贤线博学支线3号台变JP柜低压计量电能表更换。

4. 计划工作时间：自 2018 年 02 月 19 日 08 时 30 分
　　　　　　　　　至 2018 年 02 月 19 日 12 时 00 分

5. 安全措施（必要时可附页绘图说明）

5.1　工作的条件和应采取的安全措施（停电、接地、隔离和装设的安全遮栏、围栏、标示牌等）

（1）短接接线盒电能表互感器三相电流端子。

（2）断开接线盒电能表三相交流电压端子。

（3）断开电能采集终端接口端子（接线）。

（4）在10kV聚贤线博学支线3号台变JP柜周围装设围栏，面向巡视通道预留出入口并设置"从此进出"标示牌，遮栏上字面向外悬挂"止步，高压危险！"标示牌；在JP柜的计量柜门上设置"在此工作！"标示牌。

5.2　保留的带电部位

（1）10kV聚贤线博学支线3号台变带电。

（2）JP柜内台变低压侧开关、导线、负荷分支线带电。

（3）交流电流互感器带电运行；交流电压回路带电。

5.3　其他安全措施和注意事项

（1）检查互感器交流电流回路无开路、电压回路无短路现象；必要时采取绝缘遮蔽措施。

（2）工作前使用低压验电笔验电。

（3）新更换电能表须先安装后接电。

工作票签发人签名 安×× 2018 年 02 月 19 日 07 时 30 分

工作负责人签名 丁×× 2018 年 02 月 19 日 07 时 35 分

6. 工作许可

6.1 现场补充的安全措施

无。

6.2 确认本工作票安全措施正确完备，许可工作开始

许可方式 当面许可 许可工作时间 2018 年 02 月 19 日 09 时 07 分

工作许可人签名 全×× 工作负责人签名 丁××

7. 现场交底，工作班成员确认工作负责人布置的工作任务、人员分工、安全措施和注意事项并签名：

_____

_____

8. 工作票终结

工作班现场所装设接地线共 0 组、个人保安线共 0 组已全部拆除，工作班人员已全部撤离现场，工具、材料已清理完毕，杆塔、设备上已无遗留物。

工作负责人签名 丁×× 工作许可人签名 全××

工作终结时间 2018 年 02 月 19 日 11 时 56 分

9. 备注

_____

_____

📋 第三节　作业票应用实例

一、现场勘察记录应用实例

1. 素材

（1）申请单位：输电运检室检修班。

（2）勘察设备：220kV 黄屯线 1～31、32～38 号塔段。

（3）工作内容：220kV 黄屯线 1～39 号线路清扫、消缺。

（4）申请勘察时间：2017 年 07 月 22 日 07:00－16:00。

（5）作业现场条件：

1）32～38 号与 220kV 济屯线 93～99 号并架，220kV 济屯线带电，架空地线视为带电。

2）1～31 号与 220kV 黄东线并架，220kV 黄东线带电，架空地线视为带电。

（6）勘察负责人及参与本次工作的成员名单见表 5–7。

表 5–7　　　　勘察负责人及参与本次工作的成员名单

姓名	职务	资格
王××	专工	工作票签发人
陈×	班员	勘察成员

2. 现场勘察记录应用实例

现 场 勘 察 记 录

勘察单位 <u>输电运检室检修班</u>　　　编号 <u>31090910001</u>

勘察负责人 <u>王××</u>　　　勘察人员：　<u>陈×</u>

勘察的线路或设备的双重名称（多回应注明双重名称）：220kV 黄屯线　1～31 号为左线 32～38 号为右线　色标：黄兰。

工作任务（工作地点或地段以及工作内容）：220kV 黄屯线1～39 号线路清扫、消缺。

现 场 勘 察 内 容

1. 需要停电的范围 220kV 黄屯线 1～39 号。
2. 保留的带电部位 （1）32～38 号与 220kV 济屯线 93～99 号并架，220kV 济屯线带电，架空地线视为带电。 （2）1～31 号与 220kV 黄东线并架，220kV 黄东线带电，架空地线视为带电。
3. 作业现场的条件、环境及其他危险点 （1）线路走廊处在城郊结合部，穿越房屋、公路、居民区应设置围栏，防止高出落物伤人。 （2）设备型号、参数：1～39 号导线为 LGJ－400/50，地线为 GJ－50。 （3）存在缺陷：1 号右侧架空地线吊持线夹螺栓无开口销，26 号塔脚钉有松动。 （4）防污闪情况：1～8 号为Ⅳ类污区，9～39 号为Ⅲ类污区，绝缘子脏污。
4. 应采取的安全措施 （1）220kV 黄屯线两侧开关及刀闸应拉开。 （2）220kV 黄屯线 1 号杆变电站侧装设接地线一组、39 号杆大号侧装设接地线一组。 （3）32～38 号与 220kV 济屯线 93～99 号并架，220kV 济屯线带电；1～31 号与 220kV 黄东线并架，220kV 黄东线带电；注意施工人员与带电体保持 3.0m 以上的安全距离。作业人员与绝缘架空地线之间保持安全距离不应小于 0.4m。 （4）18～19 号塔之间为 104 国道，注意做好防护措施。 （5）26～29 号塔之间为居民区，注意做好围栏，做好防止落物伤人措施。
5. 附图与说明

记录人：王××　勘察日期：2017 年 07 月 22 日 9 时 00 分至 13 时 30 分

二、安全施工作业票应用实例

（一）变电站断路器（开关）安装作业 A 票应用实例

1. 素材

（1）申请单位：××变电施工队。

（2）工作地点：××公司××kV××变电站建设工地。

（3）工作内容：500kV 配电装置区：断路器（开关）安装；主变本体安装、套管安装；充 SF_6 气体。

（4）申请工作时间：2017 年 07 月 16 日—2017 年 08 月 10 日。

（5）作业现场条件：断路器（开关）、主变压器本体位于500kV 配电装置区，相邻区域无带电运行设备，具备吊车作业条件。

2．作业票应用实例

输变电工程安全施工作业票 A

工程名称：××公司××kV××变电站建设工程项目　　　　　　编号：输电…1706001

施工班组（队）	××变电施工队	工程阶段	电气安装
作业内容	断路器（开关）安装：搬运与开箱；本体安装；套管安装；充 SF_6 气体	作业部位	500kV 配电装置区
执行方案名称	500kV 断路器（开关）安装方案	动态风险最高等级	二级
施工人数	20 人	计划开始时间	2017 年 07 月 16 日
实际开始时间	2017 年 07 月 16 日	实际结束时间	2017 年 08 月 10 日
主要风险	机械伤害、中毒、高处坠落、其他伤害		
工作负责人	张××	安全监护人（多地点作业应分别设监护人）	乔××
具体分工（含特殊工种作业人员）： 安全监护人：乔×× 起重作业人员：李××		登高作业人员：朱××、李×× 断路器（开关）安装人员：秦××、钱××、刘××、穆××、牟××	
高压试验人员：王××、孙××		二次回路接线人员：刘××、魏××	
其他施工人员： 张××、马××、初××、任××、孙××、王××。			

164

作业必备条件及班前会检查		
	是	否
（1）作业人员着装是否规范、精神状态是否良好。	□	□
（2）特种作业人员是否持证上岗。	□	□
（3）施工机械、设备是否有合格证并经检测合格。	□	□
（4）工器具是否经准入检查，是否完好，是否经检查合格有效。	□	□
（5）是否配备个人安全防护用品，是否齐全、完好。	□	□
（6）安全设施是否符合要求，是否齐全、完好。	□	□
（7）作业人员是否参加过本工程技术安全措施交底。	□	□
（8）作业人员对工作分工是否清楚。	□	□
（9）各工作岗位人员对施工中可能存在的风险及预控措施是否明白。	□	□

作业过程预控措施及落实		
	是	否
（1）起吊重物前，应由工作负责人检查悬吊情况及所吊物件的捆绑情况，认为可靠后方准试行起吊。	□	□
（2）起吊重物离开地面，应再检查悬吊及捆绑情况，认为可靠后方准继续起吊。	□	□
（3）吊装过程中，作业人员应听从吊装负责人的指挥，不得在吊件和吊车臂活动范围内的下方停留和通过，在吊物距就位点的正上方200～300mm稳定后，作业人员方可开始进入作业点。		
（4）起重臂升降时或吊件已升空时不得调整绑扎绳，需调整时必须让吊件落地后再调整。		
（5）断路器（开关）搬运，应采取牢固的绑扎措施，作业人员不可与断路器（开关）混乘。	□	□
（6）断路器（开关）应按先上盖后四周的顺序进行开箱，拆除的箱盖螺丝严禁向下抛掷，拆下的箱板应及时清理。		
（7）吊装机构箱时，作业人员应双手扶持机构侧面，严禁手扶底面，防止压伤手指。		
（8）单柱式断路器（开关）本体安装时宜设控制绳，使用的临时支撑必须牢固，使用前进行检查。	□	□
（9）分体运输的断路器（开关），在灭弧室与支柱对接时，作业人员不得用手触摸法兰螺孔，避免灭弧室突然落下伤手。		
（10）取出断路器（开关）中的吸附物时，作业人员应使用橡胶手套、防护镜及防毒口罩等防护用品。		
（11）在调整断路器（开关）传动装置时，应有防止断路器（开关）意外脱扣伤人的可靠措施。		
（12）施工现场气瓶应直立放置，并有防倒和防暴晒措施，气瓶应远离热源和油污的地方，不得与其他气瓶混放。		
（13）开启和关闭瓶阀时必须使用专用工具，打开控制阀门时作业人员应站在充气口的侧面或上风方。	□	□

（14）断路器（开关）进行充气时，必须使用减压阀。当瓶内压力降至 0.1MPa 时，即停止引出气体，并关紧气瓶阀门，戴上瓶帽。设备内的 SF_6 气体不得向大气排放，应采取净化装置回收，经处理检测合格后方准再使用。　　□　　□

（15）断路器（开关）安装现场设置消防器材。　　□　　□

现场变化情况及补充安全措施
（1）作业现场装设安全围栏，非工作人员严禁入内。 （2）进入施工区的人员必须正确佩戴安全帽，帽带要系紧。 （3）施工作业人员持证上岗，佩戴工作证。 （4）高处作业人员必须使用安全带，安全带必须拴在牢固的构件上，施工过程中，应随时检查安全带是否拴牢。 （5）施工前要将孔、洞封好，并设置警示标志。 （6）电气试验工作前，停止所有安装工作，人员撤离工作现场。 （7）严禁违章指挥，对违章指挥现象任何人都有责任、有权力制止。
作业人员签名

编制人 （工作负责人）	张××	审核人 （安全、技术）	姜××
签发人 （施工队长）	刘××		
签发日期	2017 年 07 月 15 日		
备注			

注：风险等级升级为三级及以上时，需办理输变电工程安全施工作业票 B。

（二）架线施工作业 B 票应用实例

1．素材

（1）申请单位：线路施工×队。

（2）工作地点：××kV××线路建设工程工地。

（3）工作内容：×号塔至×号塔放线段。

（4）申请工作时间：2017 年 07 月 01 日—2017 年 07 月 20 日。

（5）作业现场条件：×号塔至×号塔位于整条线路的×段，独立杆塔架设，放线段地面通道平坦，无影响放线工作的风险因素，具备放线机等机具作业条件。

2. 作业票应用实例

输变电工程安全施工作业票B

工程名称：××公司××kV××线路建设工程项目　　　编号：输电…1706001

施工班组（队）	线路施工×队 （公司、工区、班组）	工程阶段	架线
作业内容 （可多项）	绝缘子挂设：挂绝缘子及放线滑车。 导引绳展放：人力展放导引绳；导引绳连接：人力布置；机械牵引。 张力放线：牵引场布置；张力场布置；导地线运输、就位；架线工器具的准备；地锚坑的埋设；牵引绳连接；牵引绳换盘；牵引绳与导线连接；导线换盘；落地锚固；通信联络；前、后过轮临锚布置；地面压接；高空压接；导线升空	作业部位	×号塔至×号塔放线段
执行方案名称	×××××××安全施工方案	动态风险等级	三级
施工人数	20人	计划开始时间	2017年07月01日
实际开始时间	2017年07月01日	实际结束时间	2017年07月20日
主要风险：触电、高处坠落、机械伤害、设备事故、物体打击、其他伤害			
作业负责人	张××	专责监护人（多地点作业应分别设监护人）	乔××
具体分工（含特殊工种作业人员）： 安全监护人：乔××　　　　　　　　登高作业人员：秦××、钱××、韩××、穆××、牟×× 牵引机负责人员：朱××、李××　　布线人员：王××、孙×× 导线压接人员：刘××、魏××			
其他作业人员： 丁××、马××、初××、任××、付××、郭××、沈××			

作业必备条件及班前会检查			

	是	否
（1）作业人员着装是否规范、精神状态是否良好。	□	□
（2）特种作业人员是否持证上岗。	□	□
（3）施工机械、设备是否有合格证并经检测合格。	□	□
（4）工器具是否经准入检查，是否完好，是否经检查合格有效。	□	□
（5）是否配备个人安全防护用品，是否齐全、完好。	□	□
（6）安全设施是否符合要求，是否齐全、完好。	□	□
（7）作业人员是否参加过本工程技术安全措施交底。	□	□
（8）作业人员对工作分工是否清楚。	□	□
（9）各工作岗位人员对施工中可能存在的风险及预控措施是否明白。	□	□

具体控制措施见所附风险控制卡

作业人员签名：

编制人 （作业负责人）	张××	审核人 （安全、技术）	姜××
签发人（施工队长）	刘××		
签发日期	2017 年 06 月 30 日		
监理人员（三级及 以上风险）	赵××、马××	业主项目部 （四级及以上风险）	/
备注			

附录A 术语和定义

✖ "两票"术语	
倒闸操作	是指将电气设备从一种工作状态转换到另一种工作状态所进行的一系列操作。如将设备从运行状态转换为检修状态所要进行的拉开断路器（开关）、拉开隔离开关（刀闸）、验电、接地等一系列工作均称为倒闸操作
操作票	是指进行电气操作的书面依据
工作票	规定现场作业所必须遵循的组织措施、技术措施、安全措施和相关工作程序、工作要求，是用于指导、规范现场安全作业的文本依据
设备双重名称	即设备名称和编号
双重称号	即线路名称和位置称号，位置称号指上线、中线或下线和面向线路杆塔号增加方向的左线或右线。[注：单电源配电线路具有双重名称，由线路名称和线路在变电站的出线间隔号组成，如10kV工业线12开关对应的线路名称为10kV12工业线；因输电线路两侧对应不同变电站间隔号，输电线路无双重名称，如临沂站110kV临王线114开关其对应线路名称为110kV临王线；输电线路的双重称号是指线路名称加位置称号，并注明线路色标（如110kV临王线，左线，黄色）]
一个操作任务	◆ 一张操作票只能填写一个操作任务。一个操作任务是根据同一个操作指令，且为了相同的操作目的而进行一系列互相并依次进行不间断的操作过程。主要有： ☞ 将一种电气运行方式改变为另一种运行方式。 ☞ 将一台电气设备由一种状态（运行、备用、检修）改变到另一种状态。 ☞ 同一母线上的电气设备，一次倒换到另一母线。 ☞ 属于同一主设备的所有辅助设备与主设备同时停送电的操作
事故紧急抢修工作	指电气设备发生故障被迫紧急停止运行，需短时间内恢复的抢修和排除故障的工作
✖ 调度术语	
运行状态	运行范围中的刀闸和开关均在合闸状态；所属二次设备的保护压板、控制及信号电源确已投入
热备用状态	开关在分闸位置，开关两侧刀闸在合闸位置；所属二次设备的保护压板、控制及信号电源确已投入

冷备用状态	开关和开关两侧刀闸在分闸位置；所属二次设备的保护压板、控制及信号电源确已投入
检修状态	所有开关和开关两侧刀闸在分闸位置，与电源分离，根据工作需要挂标示牌、设遮栏及挂接地线（合接地刀闸）；所属二次设备的保护压板、控制及信号电源确已退出
综合指令	是指发令人说明操作任务、要求、操作对象的起始和终结状态，不需要其他单位配合仅一个单位的单项操作或多项操作
逐项指令	是涉及两个以上单位的配合操作或需要根据前一项操作后对电网产生的影响才能决定下一项的操作
单项指令	是指由值班调度员下达的紧急事故处理或一项单一的操作指令

✂ 动火作业定义

动火作业	是指在禁火区进行焊接与切割作业及在易燃易爆场所使用喷灯、电钻、砂轮等进行可能产生火焰、火花和炽热表面的临时性作业
一级动火区	是指火灾危险性很大，发生火灾后果很严重的部位或场所。在一级动火区动火作业，应填用一级动火工作票
二级动火区	是指一级动火区以外的所有防火重点部位或场所以及禁止明火区。在二级动火区动火作业，应填用二级动火工作票
一级动火范围	油区和油库围墙内；油管道及与油系统相连的设备，油箱（除此之外的部位列为二级动火区域）；危险品仓库及汽车加油站、液化气站内；变压器等注油设备、蓄电池室（铅酸）；其他需要纳入一级动火管理的部位
二级动火范围	油管道支架及支架上的其他管道；动火地点有可能火花飞溅落至易燃易爆物体附近；电缆沟道（竖井）内、隧道内、电缆夹层；调度室、控制室、通信机房、电子设备间、计算机房、档案室；其他需要纳入二级动火管理的部位

✂ 常用术语释义

合闸保险	"合闸保险"是指电磁操作机构、永磁操作机构的"合闸保险"及弹簧机构、液压弹簧机构、液压机构、气动机构的"储能保险"的统一称谓，在工作票（亦适用于操作票）中可列明具体的保险名称，但应与现场二次标志对应。如现场不是合闸保险而是小开关时，亦可用"合闸保险"术语。"储能保险"在具体功能中即使取下并不影响开关的即时分合闸，在具体应用时应注意
安全岛	安全岛是指设备检修时将检修区域不带电部分围起来的开口围栏区域
危险岛	危险岛是指检修现场将带电部分围起来的封闭区域

"在此工作!"标示牌	大范围工作区域工作时，"在此工作!"标示牌应放在专门制作的支架上，支架宜放在工作范围内明显位置；单设备工作时，"在此工作!"标志牌可装设（挂、张贴）在检修设备上，但不应装设在检修时需要变动的部位。在主控室内继电保护及自动装置装设的"在此工作!"标示牌，装设在屏柜前后。继电保护及自动装置上装设"在此工作!"标示牌可按标准尺寸缩小制作
一个电气连接部分	一个电气连接部分系指与其他电气部分之间装有能明显分段的隔离开关（刀闸）的配电装置的一个电气单元。该部分无论引伸到什么地方，均算为一个电气连接部分。[《安规》规定为：电气装置中可以用隔离开关（刀闸）同其他电气装置分开的部分] 之所以这样规定，是因为在一个电气的两端或各侧施以适当的安全措施后，就不可能再有其他电源串入的危险，故可以保证安全
看守人与监护人	工作看守人是指工作现场由工作负责人派一人或数人，专门负责完成看守任务的人员。例如：到工作地点的马路口看守，阻止行人或车辆通过；到接地线安装地点看守接地线，防止接地线失盗或移位；到电源开关或刀闸安装地点（指该开关或刀闸口一侧带电，且无法锁住，并有外人操作合闸的可能性时），看守开关或刀闸，不准操作合闸；立杆、撤杆时，为防止外人进入施工现场，应设专人看守；到无法停电和装设遮栏的设备地点看守，防止外人或工作人员接近带电设备等。 看守人员与监护人员的职责不同，看守人员一般是专门完成一项简单的任务。工作单一，不需要复杂的技能。而监护人则不同，需具备较丰富的工作经验和较高的技术水平，在复杂、危险的条件下进行监护工作，当然工作责任也大
选填项	工作票格式中工作人员变动、工作票延期、每日开工和收工时间、备注栏为选填项，无相关内容时不用填写，保留空白。其他栏目为必填项，即使无内容也须填写"无"
工作转移	配电《安规》规定，使用同一张工作票依次在不同工作地点转移工作时，若工作票所列的安全措施在开工前一次做完，则在工作地点转移时不需要再分别办理许可手续；若工作票所列的停电、接地等安全措施随工作地点转移，则每次转移均应分别履行工作许可、终结手续，依次记录在工作票上，并填写使用的接地线编号、装拆时间、位置等随工作地点转移情况。工作负责人在转移工作地点时，应逐一向工作人员交待带电范围、安全措施和注意事项。 一条配电线路分区段工作，若填用一张工作票，经工作票签发人同意，在线路检修状态下，由工作班自行装设的接地线等安全措施可分段执行。工作票上应填写使用的接地线编号、装拆时间、位置等随工作区段转移情况。 变电《安规》规定，在同一电气连接部分用同一张工作票依次在几个工作地点转移工作时，全部安全措施由运维人员在开工前一次做完，不需再办理转移手续。但工作负责人在转移工作地点时，应向作业人员交待带电范围、安全措施和注意事项

✿ 典型倒闸操作任务（变电）
××线××开关由运行转热备用
××线××开关由热备用转冷备用
××线××开关由冷备用转检修
××线××开关由检修转冷备用
××线××开关由运行转线路检修
××线××开关由线路检修转运行
1号主变由运行转热备用
2号主变由热备用转运行（带全站负荷），1号主变由运行转热备用
××kVI母线负荷倒II母线运行，××kVI母线由运行转检修
××kV××线、××线由××kVI母线倒××kVII母线运行
××kVI母线TV由运行转检修（二次并列运行）
××kV××旁路开关代××线××开关运行，××线××开关由运行转检修
✿ 典型倒闸操作任务（配电）
10kV××线××开关后由运行转热备用
10kV××环网柜（分接箱）××线××开关由检修转运行
10kV××开闭所（配电室）××线××开关由运行转检修
10kV××线××台架由运行转检修

附录B 倒闸操作术语

操作术语	操作设备及项目
拉开、合上	★ 用于开关、刀闸等一、二次设备的操作
拉出、拉至、推入、推至	★ 用于手车开关的操作
检查××开关（刀闸）确在拉开（合上）位置	★ 用于开关、刀闸状态位置检查操作
确已拉开（合好）	★ 用于开关、刀闸操作后位置检查
确已拉至××位置，确已推至××位置	★ 用于手车开关操作后位置检查
检查××开关（刀闸）分合指示器确在分（合）闸位置	★ 用于倒换母线（倒排）、GIS（HGIS）设备、充气柜等断路器（开关）、隔离开关（刀闸）操作后位置检查；间接位置判断的操作应注明"（间接判断）"
确无电压	★ 用于验明确无电压的操作
检查××开关（或刀闸）分合指示器确在"分闸"位置（间接验电）	★ 用于间接验电的操作
装设、拆除	★ 用于接地线的装、拆操作
指示正确	★ 用于负荷分配检查的操作
装上、取下	★ 用于一、二次熔断器及手车开关二次联线插头的装、取操作
投入、停用	★ 用于启、停保护装置的操作
切至	★ 用于二次切换开关的操作
按下、选线正确	★ 用于弱电压选线装置的操作

注 1. 设备术语：断路器（开关）、隔离开关（刀闸）、电压互感器（TV）、电流互感器（TA）、电容式电压互感器（CVT）、熔断器、手车开关、组合电器（GIS）。

2. 操作票填写的设备术语必须与现场实际相符。

操作常用规范填写用语	
拉开××线××开关	验明××线××开关与××设备之间三相确无电压
检查××线××开关确已拉开	在××线××开关与××设备之间装设×号接地线
检查××线××开关位置指示器确在"分"位（间接判断）	检查××线××刀闸位置指示器确在"分"位（间接验电）
拉开××线××刀闸	检查××线××刀闸汇控柜位置指示灯"绿灯"亮
检查××线××刀闸三相确已拉开	检查××线××开关工作位置指示灯"红灯"亮
检查××线××刀闸位置指示器确在"分"位（间接判断）	检查××线××开关遥控量电流显示××A
验明××线××刀闸线路侧三相确无电压	检查××线××开关××侧带电显示装置三相指示灯灭
检查××kV××线线路侧带电显示装置指示灯"绿灯"亮	装上××线××手车开关二次联线插头
检查××线××开关带电显示装置三相指示灯灭	将××线××手车开关由"检修"位置推至"试验"位置
合上××线××接地刀闸	检查××线××手车开关确已推至"试验"位置
检查××线××接地刀闸三项确已合好	将××线××手车开关由"试验"位置摇至"工作"位置
检查××线××刀闸位置指示器确在"合"位（间接判断）	将××线××手车开关由"工作"位置拉至"检修"位置

附录 C 安全设施应用规范

安全标示牌类别及应用

名　　称	悬　挂　处
禁止合闸,有人工作!	一经合闸即可送电到施工设备的断路器(开关)和隔离开关(刀闸)操作把手上
禁止合闸,线路有人工作!	线路断路器(开关)和隔离开关(刀闸)把手上
止步,高压危险!	施工地点临近带电设备的遮栏上;室外工作地点的围栏上;禁止通行的过道上;高压试验地点;室外构架上;工作地点临近带电设备的横梁上
禁止攀登,高压危险!	高压配电装置构架的爬梯上,变压器、电抗器等设备的爬梯上
在此工作!	工作地点或检修设备上
从此上下!	作业人员可以上下的铁架、爬梯上
从此进出!	室外工作地点围栏的出入口处
禁止分闸!	接地刀闸与检修设备之间的断路器(开关)操作把手上

注　在计算机显示屏上一经合闸即可送电到工作地点的断路器(开关)和隔离开关(刀闸)的操作把手处,设置"禁止合闸,有人工作!""禁止合闸,线路有人工作!"和"禁止分闸"的标记。

✖ 安全围栏装设规范

名　　称	装　设　规　范
安全围栏	◆ 在室外高压设备上工作,应在工作地点四周装设围栏,其出入口要围至临近道路旁边,并设有"从此进出!"的标示牌。工作地点四周围栏上悬挂适当数量的"止步,高压危险!"标示牌,标示牌应朝向围栏里面。 ◆ 禁止作业人员擅自移动或拆除遮栏(围栏)、标示牌。因工作原因必须短时移动或拆除遮栏(围栏)、标示牌,应征得工作许可人同意,并在工作负责人的监护下进行。完毕后应立即恢复

名　　称	装　设　规　范
小面积停电检修工作	遮（围）栏应包围停电设备，在道路边留有出入口，并设"从此进出！"标示牌，在遮（围）栏上字面向里悬挂适当数量的"止步，高压危险！"标示牌。并在遮（围）栏内设"在此工作！"的标示牌
大面积停电检修工作	在带电设备四周装设全封闭围栏（不得留有出入口），在遮（围）栏上字面向外悬挂适当数量的"止步，高压危险！"标示牌；在工作区域设置"在此工作！"标示牌
二次屏柜上的工作	在全部或部分带电的运行屏（柜）上工作时，应将检修设备与运行设备前后以明显的标志隔开 ［如：在检修屏（柜）相邻的前、后屏面及两侧屏（柜）的前后屏面上悬挂红布幔或其他遮（围）栏、警示标志等（红布幔应有"运行"标志）］。在工作的测控、继电保护及自动装置屏（柜）面前、后设置"在此工作！"标示牌
其他工作	◆ 室内一次设备上的工作，应装设"在此工作！"标示牌，并设置遮（围）栏，出入口预留在邻近通道处，并设置"从此进出！"标示牌；同时在检修设备两侧及对面间隔的遮（围）栏上及禁止通行的过道处悬挂"止步、高压危险！"的标示牌。 ◆ 线路停电的工作，在线路开关和刀闸操作把手上均应悬挂"禁止合闸，线路有人工作！"的标示牌，在后台机显示器上开关和刀闸的操作处均应设置"禁止合闸，线路有人工作！"的标记。 ◆ 高压开关柜内手车开关拉出后，在隔离带电部分的挡板、柜门上设置"止步，高压危险！"标示牌

附录 D　工程安全施工作业票作业项目参照目录

线路工程安全施工作业票作业项目	变电工程安全施工作业票作业项目	
1. 复测	1. 临时用电	40. 软母线架设
2. 运输（水上、机动车、索道等）	2. 土石方开挖	41. 管母安装
3. 机械装卸	3. 土方回填	42. 电缆敷设
4. 钢筋加工	4. 基坑支护	43. 二次接线
5. 土石方开挖	5. 地基处理	44. 邻近带电
6. 爆破作业	6. 桩基工程	45. 交流耐压试验
7. 钢筋笼制作及吊放	7. 建筑物基础	46. 泄漏试验
8. 现浇混凝土	8. 设备基础	47. 介损测量
9. 灌注桩等特殊基础	9. 构支架基础	48. 变压器试验
10. 预制基础、锚杆基础	10. 变压器基础	49. 断路器（开关）
11. 排杆	11. 事故油池	试验
12. 焊接	12. 防火墙基础	50. 互感器试验
13. 地面组装	13. 电缆沟	51. 直流屏检查
14. 分解组立杆塔	14. 地下防水	52. 保护元件调试
15. 整体组立杆塔	15. 建筑物主体模板	53. 二次回路检查
16. 起重机立杆塔	16. 建筑物主体钢筋	54. 整组传动试验
17. 塔机组塔	17. 建筑物主体混凝土	55. 启动与带电
18. 跨越架搭设、拆除	18. 建筑物砌体	56. 母排安装
19. 导引绳展放	19. 防火墙砌体	
20. 一般放线	20. 电缆沟砌体	
21. 张力放线（牵引场）	21. 屋面保温层及防水	
22. 张力放线（张力场）	22. 室内整体面层	
23. 导地线连接	23. 脚手架搭设及拆除	
24. 紧线	24. 塔吊安装、拆除	
25. 平衡挂线、升空	25. 地面装饰	
26. 附件安装	26. 抹灰	
27. 不停电跨越架线	27. 涂料涂饰	
28. 停电作业	28. 吊顶	
29. 接地安装	29. 门窗	
30. 开断、改造、旧线路拆除	30. 建筑照明	
	31. 设备支架安装	
	32. 构架组立	
	33. 金属焊接、切割	
	34. 变压器运输	
	35. 变压器安装	
	36. 断路器（开关）安装	
	37. 蓄电池安装	
	38. 盘、柜安装	
	39. 瓷件设备安装	

附录E 监督检查要点

序号	检查项目	检查要点	发现问题	整改要求	检查人
（一）管理制度标准					
1	制度标准	严格执行《安规》，制定完善"两票"管理评价标准，明确"两票"执行、评价、考核要求			
2	监督检查	落实管理责任，建立分级检查制度，开展"两票"检查、抽查、考核： （1）班组按照"每票必查"的原则，实施"两票"周检查、月汇总，提出统计、自查意见，完成向专业室的月度报表，对自查问题进行考核。已使用的"两票"（包括已执行、未执行和作废的）要以编号顺序按月装订，在装订后的封页上统计合格率及存在的问题。 "两票"合格率统计方法（① 应统计的"两票"是指已执行和填写错误未执行的"两票"。② 合格的"两票"份数，应是从统计的份数减去不符合有关规定要求所填写和执行的份数）。 工作票合格率=（合格的工作票份数/应统计的工作票份数）×100% 操作票合格率=（合格的操作票份数/应统计的操作票份数）×100% （2）专业室指定专责人按时完成所辖班组"两票"月度审核，作出综合分析和评价；专业室主要负责人每月至少检查一个班组或变电站已执行的"两票"，检查情况纳入月度考评。 （3）单位运检、安质部门，按照不低于每专业班组20%的比例，对"两票"执行情况实施月度抽查、监督，通报抽查情况，实施月度考核。 （4）单位分管负责人，督促职能管理部门落实管理责任，严格"两票"管理，督促完善相关制度；检查现场"两票"执行情况，对存在问题提出改进意见			
3	"两票"人员管理	严格"两票"执行人员管理，依据《安规》规定，对有关人员定期组织《安规》考试，合格人员履行审核、批准和公布手续			

178

序号	检查项目	检查要点	发现问题	整改要求	检查人
4	设备命名管理	"两票"中所填写的设备名称和编号应按照设备管辖权限，分别由各级调度以正式文件批准公布，实际设备的名称和编号应与批准文件的双重名称一致			

（二）操作票

序号	检查项目	检查要点	发现问题	整改要求	检查人
1	操作票文本格式	严格倒闸操作票固定文本格式，无违反《安规》规定格式使用的操作票			
2	操作票填写	依据《安规》规定，倒闸操作应有值班调控人员、运维负责人正式发布的指令，并使用经事先审核合格的操作票			
		倒闸操作由操作人员填用操作票			
		操作票应用黑色或蓝色的钢（水）笔或圆珠笔逐项填写。用计算机开出的操作票应与手写票面统一；操作票票面应清楚整洁，不得任意涂改（操作动词、设备名称和编号不能涂改）			
		操作票填写应使用设备的双重名称。操作人和监护人对所填写的操作项目审查正确，并分别手工（或电子）签名，然后经运维负责人审核签名			
		每张操作票只能填写一个操作任务			
		倒闸操作票应事前编号，按照编号顺序依次使用，计算机生成的操作票应在正式出票前连续编号（PMS系统按系统编号规则使用）			
		操作项目使用规范操作术语，项目填写应完整、正确，无添项、倒项、漏项，符合《设备运行导则》、调度规程及现场运行规程的规定			
		操作票"备注栏"内不应填写操作项目、操作指令			
3	事故处理	依据《安规》可以不用操作票的操作项目，应在完成后做好记录，事故紧急处理应保存原始记录			
4	调控配合操作	对于电网调控和现场配合完成的操作任务，操作票项目、运行记录应记录完成，无漏项操作现象			

序号	检查项目	检 查 要 点	发现问题	整改要求	检查人
5	程序操作	程序操作，操作序列（或批命令）应符合倒闸操作规定，系统存储的操作序列应经审核、批复后方可使用			
6	典型操作票	对于典型倒闸操作票的使用，应制定使用管理制度，无直接使用典型操作票实施现场操作现象			
7	接受调度指令	倒闸操作应根据值班调控人员或运维负责人的指令，受令人复诵无误后执行。发布指令应准确、清晰，使用规范的调度术语和设备双重名称。发布指令的全过程（包括对方复诵指令）和听取指令的报告时应录音并做好记录			
8	模拟操作	现场开始操作前，应先在模拟图（或微机防误装置、微机监控装置）上进行核对性模拟预演，无误后，再进行操作			
9	现场操作	倒闸操作票发令人、受令人、开始操作时间、操作结束时间填写完整			
		实施的监护操作，其中一人对设备较为熟悉者作监护。特别重要和复杂的倒闸操作，由熟练的运维人员操作，运维负责人监护			
		对于实施完成的操作项目，监护人在操作人完成操作并确认无误后，在该操作项目后打"√"			
		在微机监控屏上执行倒闸操作，操作人、监护人应分别使用个人操作密码登录系统实施操作，无单人操作或使用他人操作密码操作现象			
		现场运维负责人确认现场操作已完成，应向调度（控）人员汇报并做好记录			
		操作中不准擅自更改操作票，无误操作和跳项、漏项等违章操作现象			
10	操作票标记	已执行完成的操作票，应在规定位置标注"已执行"字样（含 PMS 系统操作票）。未执行操作票应标注"未执行"字样，并在备注栏填写未执行的原因。对于填写错误的倒闸操作票应在规定位置标注"作废"字样			

序号	检查项目	检查要点	发现问题	整改要求	检查人
11	操作票管理	已使用的操作票（包括已执行、未执行和作废的）必须按编号顺序按月装订，在装订后的封页上统计合格率及存在的问题，操作票保存一年			
		建立分级检查制度，各级负责单位（人员）应定期完成检查，并签署检查意见			

（三）工作票

序号	检查项目	检查要点	发现问题	整改要求	检查人
1	固定格式文本	严格各类工作票固定文本格式，无违反《安规》规定格式使用的工作票			
2	工作票选用	针对工作任务，依据《安规》规定正确选用工作票的种类。任何作业票不能替代电气工作票。工作票应有资格的人员填写、签发			
3	现场勘察	执行现场勘察制度，按照《安规》规定对必要的工作实施现场勘察，并填写现场勘察记录			
4	工作票填写	作业单位根据现场勘察、风险评估结果，由工作负责人或工作票签发人填写工作票			
		工作票应使用黑色或蓝色的钢（水）笔或圆珠笔填写与签发，一式两份，内容应正确，填写应清楚，不得任意涂改（设备名称和编号不能涂改）。如有个别错、漏字需要修改，应使用规范的符号，字迹应清楚			
		工作票编号按规定序号，依次填用，规范填写工作班组名称、人员姓名；在高压设备上工作，应至少由两人进行			
		工作地点及工作任务的填写应清晰、正确，针对工作地点对应填写工作任务；不超出一份工作票的填用规定			
		安全措施的填写，应满足工作任务要求，做到停电设备、安全措施填写齐全、完整，设备编号清晰、无涂改现象。已完成安全措施在"已执行"栏标注清楚			
		计划工作时间填写为批准的计划工作时间，无超计划工作现象			

序号	检查项目	检 查 要 点	发现问题	整改要求	检查人
4	工作票填写	工作票一份应保存在工作地点，由工作负责人收执；另一份由工作许可人收执，按值移交。工作许可人应将工作票的编号、工作任务、许可及终结时间记入登记簿			
		对于设备同时停、送电，可使用同一张工作票的工作，应按规定规范执行工作票			
		用计算机生成或打印的工作票应使用统一的票面格式，由工作票签发人审核无误，手工或电子签名后方可执行；签发人为本单位批准公布人员			
5	工作票送达	第一种工作票应在工作前一日送达运维人员，可直接送达或通过传真、局域网传送。临时工作、第二种工作票和带电作业工作票可在进行工作的当天预先交给工作许可人。填写收到工作票时间			
6	工作负责人	一张工作票中，工作许可人与工作负责人不得互相兼任（若工作票签发人兼任工作许可人或工作负责人，应具备相应的资质，并履行相应的安全责任）			
		一个工作负责人不能同时执行多张工作票，工作票上所列的工作地点，以一个电气连接部分为限			
		对于允许检修及基建单位签发的工作票或承发包工程"双签发"，应制度相应的管理制度，且检修及基建单位的工作票签发人及工作负责人名单应事先送本单位备案			
7	总分工作票	第一种工作票所列工作地点超过两个，或有两个及以上不同的工作单位（班组）在一起工作时，可采用总工作票和分工作票。总、分工作票应由同一个工作票签发人签发			
		总工作票上所列的安全措施应包括所有分工作票上所列的安全措施。几个班同时进行工作时，总工作票的工作班成员栏内，只填明各分工作票的负责人，不必填写全部工作班人员姓名。分工作票上要填写工作班人员姓名			

序号	检查项目	检 查 要 点	发现问题	整改要求	检查人
8	布置安全措施	变电专业安全措施由工作许可人负责布置，工作结束后汇报工作许可人。输、配电专业工作许可人所做安全措施由其负责布置，工作班所做安全措施由工作负责人负责布置。安全措施布置完成前，禁止作业			
		10kV 及以上双电源用户或备有大型发电机用户配合布置和解除安全措施时，作业人员应现场检查确认			
		现场为防止感应电或完善安全措施加装的接地线，应明确装、拆人员，每次装、拆后应立即向工作负责人或小组负责人汇报，并在工作票中注明接地线的编号，装、拆的时间和位置			
9	工作许可、开工	工作许可人在完成施工现场的安全措施后，会同工作负责人履行工作许可手续并在工作票上分别确认、签名。允许电话许可的开工，工作许可人和工作负责人分别记录双方姓名齐全			
		所有许可手续（工作许可人姓名、许可方式、许可时间等）均应记录在工作票上			
		工作许可手续完成后，工作负责人、专责监护人应履行安全技术交底责任，并履行全员签字确认手续，工作班方可开始工作			
		执行总、分工作票或小组工作任务单的作业，由总工作票负责人（工作负责人）和分工作票（小组）负责人分别进行安全交底，履行全员签字确认手续			
10	工作监护	工作负责人、专责监护人应始终在工作现场			
		工作票签发人或工作负责人，根据现场的安全条件、施工范围、工作需要等具体情况，增设专责监护人和确定被监护的人员			
		专责监护人不得兼做其他工作，佩戴明显标识，始终在工作现场，及时纠正不安全的行为；规范办理人员离开停工和变更手续			

序号	检查项目	检 查 要 点	发现问题	整改要求	检查人
11	工作间断	工作间断时，工作班人员应从工作现场撤出。每日收工，应清扫工作地点，开放已封闭的通道，并电话告知工作许可人。次日复工时，工作负责人应电话告知工作许可人，并重新认真检查确认安全措施是否符合工作票要求。间断后继续工作，若无工作负责人或专责监护人带领，作业人员不得进入工作地点			
12	人员变更	变更工作负责人，应由工作票签发人同意并通知工作许可人，工作许可人将变动情况记录在工作票上。工作负责人允许变更一次			
		变更工作班成员，应经工作负责人同意，在作业人员变动情况栏注明姓名、日期及时间（离开人员也要注明），对新的作业人员进行安全交底，在工作票上履行签字手续			
		在原工作票的停电及安全措施范围内增加工作任务，应由工作负责人征得工作票签发人和工作许可人同意，并在工作票上增填工作项目			
		若新增工作任务涉及变更或增设安全措施，应填用新的工作票，并重新履行签发许可手续			
13	增加任务	依据《安规》规定，规范办理工作任务增加手续			
14	工作延期	第一、二种工作票需办理延期手续，应在工期尚未结束以前由工作负责人向运维负责人提出申请（属于调控中心管辖、许可的检修设备，还应通过值班调控人员批准），由运维负责人通知工作许可人给予办理。第一、二种工作票只能延期一次。带电作业工作票不准延期			
15	部分检修设备送电	一张工作票上所列的检修设备应同时停、送电，开工前工作票内的全部安全措施应一次完成。需至预定时间，一部分工作尚未完成，需继续工作而不妨碍送电者，在送电前，应按照送电后现场设备带电情况，办理新的工作票，布置好安全措施后，方可继续工作			
16	设备试验	对于检修工作结束以前，需将设备试加工作电压的工作，应按《安规》规定落实相关安全措施			

184

序号	检查项目	检 查 要 点	发现问题	整改要求	检查人
17	安全措施变动	工作负责人、工作许可人任何一方不得擅自变更安全措施，工作中如有特殊情况需要变更时，应先取得对方的同意及时恢复。变更情况及时记录在值班日志内			
18	工作终结	工作结束后，工作班应清扫、整理现场，工作负责人应先周密检查，待全体作业人员撤离工作地点后，方可履行工作终结手续			
		待工作票上的临时遮栏已拆除，标示牌已取下，已恢复常设遮栏，未拆除的接地线、未拉开的接地刀闸（装置）等设备运行方式已汇报调控人员，方可办理工作票终结手续			
19	工作票标记	已执行完成的工作票，应在规定位置标注"已执行"字样（含 PMS 系统操作票）。未执行、作废工作票应标注"未执行""作废"字样，并在备注栏填写原因			
20	动火作业	动火作业，区别动作作业区域填用动火工作票。动火工作票不能替代电气工作票开展电气作业			
21	电气工作票管理	（1）已使用的工作票（包括已执行、未执行和作废的）必须按编号顺序按月装订，在装订后的封页上统计合格率及存在的问题，工作票保存 1 年。 （2）建立分级检查制度，各级负责单位（人员）应定期完成检查，并签署检查意见			